普通高等教育"十三五"规划教材

Visual Basic 程序设计教程

吴雅娟　倪红梅　李瑞芳　王莉利　解红涛　编著

杨王黎　主审

U0264365

中国石化出版社

内 容 简 介

本书面向非计算机专业学生，主要讲述 Visual Basic 语言的基础知识、结构化程序设计的三种基本结构、数组、过程、界面设计、文件和数据库等内容。每章都安排了丰富的例题或案例，在完成案例的过程中培养学生的程序设计思想和程序设计能力，有助于培养学生利用计算机技术解决专业问题的能力。

本书可以作为大学本科、专科非计算机专业的程序设计教材，也可以作为培训教材。

图书在版编目（CIP）数据

Visual Basic 程序设计教程 / 吴雅娟等编著. —北京：中国石化出版社，2017.1（2023.2 重印）
　普通高等教育"十三五"规划教材
　ISBN 978-7-5114-4374-8

Ⅰ. ①V… Ⅱ. ①吴… Ⅲ. ①BASIC 语言-程序设计-高等学校-教材 Ⅳ. ①TP312.8

中国版本图书馆 CIP 数据核字（2016）第 307411 号

中国石化出版社出版发行

地址：北京市东城区安定门外大街 58 号
邮编：100011　电话：(010)57512500
发行部电话：(010)57512575
http://www.sinopec-press.com
E-mail：press@ sinopec.com
北京科信印刷有限公司印刷
全国各地新华书店经销
*
787×1092 毫米 16 开本 14.75 印张 368 千字
2017 年 1 月第 1 版　2023 年 2 月第 2 次印刷
定价：30.00 元

前　言

Visual Basic(简称 VB)简单易学、功能强大，面向普通使用者，适合非计算机专业人员学习、使用、研究和开发 Windows 环境下的应用程序，是目前使用人数较多的一种面向对象的计算机高级语言。

本书编者为多年从事 Visual Basic 程序设计教学的一线教师，总结提炼多年的教学经验，精心设计编排了整个教材内容，面向学习第一门语言的非计算机专业学生，教学内容由浅入深、循序渐进，通过详细的程序设计基本知识介绍和丰富的案例，逐步将学生引入到 Visual Basic 程序设计的奇妙世界，最后给出了学生成绩管理系统的综合案例，使学生在掌握高级语言程序设计基本思想的基础上，对于语言的更深层次有全面的掌握，对程序设计思想有质的深化，能够学会利用计算机技术解决与专业相关的实际问题，培养学生的计算思维能力。

本书共 11 章，包括 Visual Basic 语言的基础知识、结构化程序设计的三种基本结构、数组、过程、界面设计、文件和数据库等内容。每章都安排了丰富的例题或案例，在完成案例的过程中学会相关的知识和程序设计方法。同时，给读者提供了充分的思考和拓展空间，利于读者程序设计思想的建立和编程能力的提高。

本书由吴雅娟、倪红梅、李瑞芳、王莉利和解红涛编著，杨王黎主审。本书第 1、2、3 章由吴雅娟编写，第 4、5、10 章由李瑞芳编写，第 6、7 章由倪红梅编写，第 8、9 章由王莉利编写，第 11 章由解红涛编写。在编写过程中参考了一些专家、学者的真知灼见和网上资源，在此深表谢意。

由于编者水平有限，书中难免有一些疏漏之处，恳请读者提出宝贵意见。

编　者
2016 年 10 月

目　　录

I

第 1 章　Visual Basic简介

1.1　VB 的集成开发环境

Visual Basic 是 Microsoft 公司开发的一种通用的基于对象的程序设计语言，提供可视化的快速编程工具，简单易学，功能强大，深受用户的欢迎。

Visual Basic 经历了从 1991 年的 1.0 版至 1998 年的 6.0 版的多次版本升级，2002 年又推出了 Visual Basic. NET，功能越来越强大，使用范围越来越广，既可以开发个人使用的小型软件，又可以开发数据库应用程序和网络应用程序等大型应用软件。本书讲授的是 Visual Basic 6.0，以下简称为 VB。

VB 集成开发环境(IDE)是一组软件工具，它是集应用程序的设计、编辑、运行和调试等多种功能于一体的环境，为程序设计提供了极大的便利。

1.1.1　VB 集成开发环境

启动 VB，选择新建"标准 EXE"工程之后，可以打开如图 1-1 所示的 VB 集成开发环境。

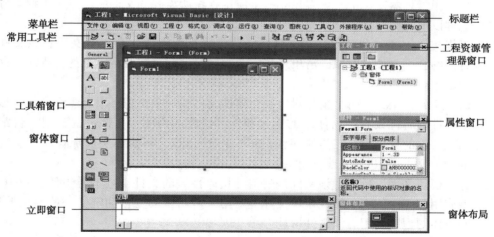

图 1-1　VB 集成开发环境

1.1.2　窗口功能简介

1. 主窗口

主窗口即应用程序窗口，由标题栏、菜单栏和工具栏组成。

VB 包括设计模式、运行模式和中断模式三种工作模式。在标题栏上应用程序名称后面的[ ]内显示当前的工作模式，如图 1-1 中 VB 开发环境处于"设计"模式。

设计模式下可以设计窗体、绘制控件、编写代码及通过属性窗口设置属性等。

运行模式下用户可以与应用程序交流，查看代码但不能编辑代码，也不能编辑界面。

中断模式（Break）下可查看各变量的当前值，从而了解程序是否正常执行，此时可以编辑代码，但不能编辑界面，在此模式下会弹出"立即"窗口，在"立即"窗口内可以输入简短的命令并立即执行。

2. 窗体（Form）窗口

窗体是设计 VB 程序的界面，是应用程序最终面向用户的窗口，窗体是一个容器，上面可以放置各种控件。

3. 代码（Code）窗口

代码窗口用来编辑窗体和标准模块中的代码，在窗体或控件上双击即可打开代码窗口。代码窗口包括"对象列表框"、"过程列表框"、"代码区"、"过程查看"按钮和"全模块查看"按钮等。

4. 属性（Properties）窗口

属性窗口用来显示或设置所选窗体或控件的属性。在设计模式下，属性窗口列出了当前选定窗体或控件的属性值，窗口中的属性可以按字母序或分类序两种方式排列，通过窗口的滚动条可找到各个属性，从而为其设置属性值。属性窗口由对象列表框、属性排列方式、属性列表框和属性含义说明四部分组成。

5. 工程资源管理器（Project Explorer）窗口

工程是指用于创建一个应用程序的文件的集合。工程资源管理器窗口列出了当前工程中的所有窗体和模块。工程资源管理器有三个按钮，自左至右分别为"查看代码"按钮、"查看对象"按钮和"切换文件夹"按钮。通过"查看代码"和"查看对象"按钮，可以实现窗体窗口和代码窗口的来回切换。

在工程资源管理器窗口中，含有建立一个应用程序所需要的文件的清单。工程资源管理器窗口中包含以下几类文件。

（1）工程文件（. vbp）和工程组文件（. vbg）：每个工程对应一个工程文件，该文件包含与该工程有关的全部文件和对象的清单。当一个程序包含两个或两个以上的工程时，这些工程构成一个工程组。

（2）窗体文件（. frm）：每个窗体对应一个窗体文件，一个工程可以有多个窗体。该文件包含窗体及控件的属性设置；窗体级的变量和外部过程的声明；事件过程和用户自定义过程。当窗体或控件的数据含有二进制属性（如图片或图标），将窗体文件保存时，系统自动产生同名的 . frx 文件（二进制数据文件）。

（3）标准模块文件（. bas）：该文件是一个纯代码性质的文件，它不属于任何一个窗体，主要在大型应用程序中使用。标准模块文件主要用来声明全局变量和定义一些通用的过程，可以被不同窗体的程序调用。该文件可选。

（4）类模块文件（. cls）：VB 提供了大量预定义的类，同时也允许用户根据需要定义自己的类。用户可通过类模块定义自己的类。

（5）资源文件（. res）：该文件存放的是各种"资源"，是一种可以同时存放文本、图片、声音等多种资源的文件。

6. 工具箱（Toolbox）窗口

工具箱窗口位于窗体的左侧，由工具图标组成，用于设计时在窗体上放置控件。系统启动后默认的工具箱上有 20 个标准控件，把鼠标指向某个控件，则会提示所指控件类的名称，例如 Label、TextBox、CommandButton 等，如图 1-2 所示。需要时，用户可以通过"工程 | 部件"菜单命令加载其他控件（ActiveX 控件）到工具箱中。工具箱中的图标名称简介如下：

（1）指针（Pointer）：指示窗体中的图形元素，是工具箱中唯一一个不是控件的图标。

（2）图片框（PictureBox）：用于显示图片，也可作为其他控件的容器，支持的图片文件类型有 .bmp、.ico、.gif、.jpg 等。

（3）标签（Label）：运行时可显示文本信息，不能输入文本。

（4）文本框（TextBox）：运行时既可显示文本又可以输入文本。

（5）框架（Frame）：作为容器显示其他控件。

（6）命令按钮（CommandButton）：常用于执行指令，单击时可执行指定的操作。

其他控件的名称如下，具体功能后续章节逐步介绍。

（7）复选框（CheckBox）

（8）单选按钮（OptionButton）

（9）组合框（ComboBox）

（10）列表框（ListBox）

（11）水平滚动条（HScrollBar）

（12）垂直滚动条（VScrollBar）

（13）计时器（Timer）

（14）驱动器列表框（DriveListBox）

（15）目录列表框（DirListBox）

（16）文件列表框（FileListBox）

（17）形状（Shape）

（18）直线（Line）

（19）图像框（Image）

（20）数据（Data）

（21）OLE 容器（OLE）

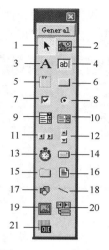

图 1-2　工具箱窗口

7. 其他窗口

（1）立即（Immediate）窗口

调试程序时，可以直接在立即窗口中用 Print 方法或在程序中用 Debug. Print 方法显示表达式的值。

（2）窗体布局（Form Layout）窗口

窗体布局窗口主要用来指定应用程序运行时窗体的初始位置。

（3）对象浏览器（Object Browser）窗口

在"视图"菜单中单击"对象浏览器"或按 F2 键可以打开"对象浏览器"窗口，可以查看工程中定义的模块或过程，也可查看对象库、类型库、类、方法、属性、事件以及在过程中使用的常数。

1.2　开发 VB 应用程序的基本步骤

VB 最大的特点就是可以快速、高效地开发具有良好用户界面的应用程序。开发 VB 应用程序的主要工作是窗体设计和编写代码。窗体设计的任务是在窗体绘制各种控件，并对其

3

进行属性的设置，使程序的外观满足用户的要求。编写代码是在事件过程框架中书写 VB 的语句，使程序实现既定的功能。

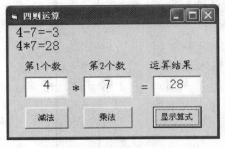

图 1-3 程序效果图

【例 1-1】 创建一个可以实现减法和乘法两种数学运算的程序，界面如图 1-3 所示。

【分析】 前两个文本框用于输入数据，第 3 个文本框用来显示计算结果。在文本框 1 和文本框 2 中输入两个数后单击"减法"按钮可以将第 1 个数(文本框 1 中的数)和第 2 个数(文本框 2 中的数)相减，结果放到文本框 3 中；单击"乘法"按钮可以将第 1 个数和第 2 个数相乘，结果放到文本框 3 中。单击"显示算式"按钮将所进行的四则运算的式子在窗体上显示出来。

具体操作步骤为：

（1）新建工程

启动 VB6.0 后将出现"新建工程"对话框，如图 1-4 所示，从中选择"标准 EXE"，单击"打开"按钮，即进入 VB 的"设计模式"，这时 VB 创建了一个默认名为"工程 1"的新工程，包括一个默认名称为 Form1 的窗体。也可以在如图 1-1 所示的 VB 环境中单击"文件"菜单中的"新建工程"命令，在打开的"新建工程"对话框中选择"标准 EXE"，然后单击"确定"按钮创建一个新的工程。

（2）设计界面

在窗体上放置 3 个文本框 TextBox、5 个标签 Label 和 3 个命令按钮 CommandButton，如图 1-5 所示完成窗体布局。在窗体上添加控件有以下两种方法。

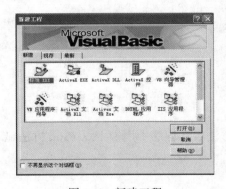

图 1-4 新建工程

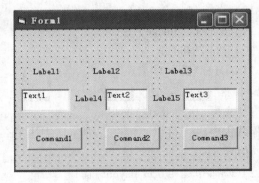

图 1-5 窗体布局

① 单击工具箱中的控件，然后在窗体上拖动鼠标，即可建立相应的控件。

② 双击工具箱中的控件，则立即在窗体的中央出现一个默认大小的对象，可以移动位置和改变大小。

每一个对象都有自己的名称，新建窗体或控件时都会有一个默认名称，例如新建的第一个文本框默认名称为 Text1，可以通过属性窗口设置名称给对象重命名，对象命名规则和所有标识符的命名规则一样，必须由字母或汉字开头，随后可以是字母、汉字、数字和下划线构成的字符串，最多不超过 255 个字符。本例中都使用默认的名称。

（3）设置对象属性

参照图 1-3 的运行效果，利用属性窗口设置各对象的属性，选中某对象之后，属性窗

4

口显示对应对象的所有属性，也可以在属性窗口的对象列表框中选择对象，属性设置之后适当调整各对象的位置使其更整齐美观，各对象的主要属性见表 1-1。

表 1-1　对象属性值

对　　象	属性名	属性值	说　　明
Form1	Caption	四则运算	窗体的标题
	Font	三号	窗体上输出内容的字号
Text1、Text2 Text3	Text	置空	文本框内显示的内容为空
	Font	黑体、四号	设置字体
	Alignment	2—Center	设置文本框中的内容居中对齐
Label1	Caption	第 1 个数	标签的标题
Label2	Caption	第 2 个数	标签的标题
Label3	Caption	运算结果	标签的标题
Label4	Caption	?	初始设为?，选择运算后再改为-或者 *
Label5	Caption	=	标签的标题
Label1 ~ Label5	Font	楷体、四号	设置字体
	Alignment	2—Center	设置标签标题居中对齐
Command1	Caption	减法	命令按钮的标题
Command2	Caption	乘法	命令按钮的标题
Command3	Caption	显示算式	命令按钮的标题

（4）编写事件的代码

① 双击 Command1 命令按钮，进入代码编辑窗口，在代码窗口出现 Command1 的单击（Click）事件过程的框架，如图 1-6 所示，在其中输入如下代码：

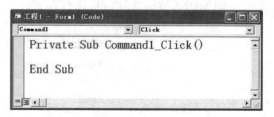

图 1-6　代码窗口

Text3.Text＝Text1.Text-Text2.Text
Label4.Caption＝" -"
则 Command1 的单击事件过程为：
Private Sub Command1_Click( )
　　Text3.Text＝Text1.Text-Text2.Text
　　Label4.Caption＝" -"
End Sub

② 在代码窗口中单击对象列表框，选择 Command2，在右侧过程列表框的下拉列表中选择 Click，如图 1 - 7 所示，创建 Command2 的 Click 事件过程的框架，并依此法创建

5

Command3 的 Click 事件过程框架。然后分别输入相应的事件过程代码，如下所示。

图 1-7　对象下拉列表

Private Sub Command2_Click( )

　　Text3.Text = Text1.Text * Text2.Text

　　Label4.Caption = " * "

End Sub

Private Sub Command3_Click( )

　　Print Tab(2);Text1.Text;Label4.Caption;Text2.Text;Label5.Caption;Text3.Text

End Sub

（5）保存程序

通常要在运行程序前保存程序，VB 的程序至少要保存两个文件即窗体文件(. frm)和工程文件(. vbp)。使用工具栏中的"保存"按钮或"文件丨保存"命令，在弹出的对话框中选择保存位置和输入文件名即可保存程序文件，以后再使用保存命令时就不再弹出对话框了，直接以原文件名保存。

（6）程序的运行和调试

VB 程序有两种运行模式，即编译运行模式和解释运行模式。

① 编译模式。

选择"文件丨生成…exe"菜单命令后，系统将程序中的全部代码转换为机器代码，保存在扩展名为". exe"的可执行文件中，以后可以随时执行。

② 解释模式。

使用"运行"菜单的"启动"命令运行(或按 F5 键运行，或单击常用工具栏上的"启动"按钮)，是以解释方式运行程序，系统对源文件逐句进行翻译和执行，这种方式便于调试和修改，如果代码中存在语法错误，则给出错误提示信息，提示用户进行修改，但解释方式执行速度慢。

本例中，运行程序后，在文本框 1 中输入 4，在文本框 2 中输入 7，然后单击"减法"按钮，则标签 4 的标题由？变成-，文本框中显示-3，再单击"显示算式"按钮，则在窗体第一行位置输出 4-7=-3；如果单击"乘法"按钮，标签 4 的标题由-变成 * ，文本框 3 中显示28，再次单击"显示算式"按钮，则在窗体第 2 行位置显示 4 * 7=28。

【功能扩展】

在窗体上增加一个"加法"按钮，实现将第 1 个数(文本框 1 中的数)和第 2 个数(文本框2 中的数)相加，结果放到文本框 3 中。在这里，要注意 VB 中"+"号的用法，详细解释可以参考课本 26 页"+"用法的介绍。

习题

1−1 VB 的集成开发环境由哪些部分组成，每个部分的主要功能是什么？

1−2 创建 VB 应用程序的基本步骤是什么？

1−3 VB 集成开发环境中，运行程序有哪两种方法？

1−4 VB 集成开发环境中的工具箱不见了，如何将其显示出来？

Visual Basic程序设计概述

2.1 程序设计方法发展简述

从 1946 年诞生第一台计算机起，短短的 70 余年，计算机技术迅速发展，程序设计语言经历了机器语言、汇编语言到高级语言多个阶段，程序设计方法也在不断发展和提高。

2.1.1 早期的程序设计

人类最早的编程语言是由计算机可以直接识别的二进制指令组成的机器语言。显然机器语言便于计算机识别，但对人类来说却是晦涩难懂。这一阶段，在人类的自然语言与计算机编程语言之间存在着巨大的鸿沟，属于面向计算机的程序设计，设计人员关注的重心是使程序尽可能地被计算机接受并按指令正确地执行，至于计算机的程序能否让人理解并不重要。软件开发的人员只能是少数的软件工程师，因此软件开发的难度大，周期长，而且开发出的软件功能也很简单，界面也不友好，计算机的应用仅限于科学计算。

随后出现了汇编语言，它将机器指令映射为一些能读懂的助记符。如 ADD、SUB 等。此时的汇编语言与人类的自然语言之间的鸿沟略有缩小，但仍与人类的思想相差甚远，程序员需要考虑大量的机器细节。此时的程序设计仍很注重计算机的硬件系统，它仍属于面向计算机的程序设计。

2.1.2 结构化程序设计

1965 年荷兰的计算机科学家 E. W. Dijikstra 提出了结构化程序设计方法，他的主要观点是采用自顶向下、逐步求精及模块化的程序设计方法；任何程序都可由顺序、选择、循环三种基本控制结构构造。结构化程序设计由于采用了模块分化与功能分解、自顶向下等方法，因而可将一个较复杂的问题分解为若干个子问题——即多个功能独立的模块，各子问题分别由不同的人员解决，由此解决了许多人共同开发大型软件时如何高效率地完成高可靠系统的问题。

尽管如此，结构化程序设计仍有两个问题未能很好地解决：

（1）模块化主要是针对控制流的，仍然还含有与人的思维方法不协调的地方。所以很难自然、准确地反映真实世界。

（2）该方法实现中只突出了实现功能的操作方法——模块，而被操作的数据出于实现功能的从属地位，即程序模块和数据结构是松散地耦合在一起。因此，当程序复杂时，容易出错，难以维护。

2.1.3 面向对象程序设计

面向对象的程序设计是 20 世纪 80 年代初就提出的，起源于 Smalltalk 语言。这种方法为使软件容易在程序设计中模仿建立真实世界模型的方法，对系统的复杂性进行概括、抽象和分类，使软件的设计和实现形成一个由抽象到具体、由简单到复杂这样一个循序渐进的过程，从而解决了大型软件研发过程中存在的效率低、调试复杂、维护困难等问题。

当然，面向对象的程序设计并不是要抛弃结构化程序设计方法，而是站在比结构化程序设计更高、更抽象的层次上去解决问题。当它分解为低级代码模块时，仍需要结构化编程技巧，但是，它在将一个大问题分解为小问题时采取的思路却是与众不同的。

结构化的分解突出过程，即如何做(How to do)，即代码的功能是如何得以完成的。面向对象的分解突出真实世界和抽象的对象，即做什么(What to do)，它将大量的工作交由相应的对象来完成。

面向对象程序设计具有如下优点：

（1）更符合人们习惯的思维方法，便于分析复杂的问题。

（2）软件的维护和功能的增减更易于实现。

（3）用继承的方法提高了软件开发的效率。

（4）与可视化技术相结合，实现了用户界面的图形化，使用户界面更美观、更友好。

2.2　对象的概念

面向对象程序设计的核心是对象，VB 程序设计的过程就是与 VB 提供的大量对象进行交互的过程。

2.2.1　对象与类

1. 类

类是创建对象实例的模板，是同种对象的集合和抽象，它包含了创建对象的属性描述和行为特征的定义。在 VB 中，类可由系统设计好，也可由程序员自己设计，工具箱上的各种图标就是 VB 系统事先设计好的标准控件类。

2. 对象

对象是具有某些特征的具体事物的抽象。现实世界中的各种各样的实体都可以称为对象，例如一个人、一台机器、一个球等都是对象。每个对象都具有描述其特征的属性及附属于它的行为。在面向对象的程序设计中对象是类的一个实例，继承了类的属性、方法，通过将类实例化，可以得到真正的控件对象。在 VB 中，在窗体上画一个控件时，就将类转换为对象，即创建了一个控件对象，简称为控件。VB 中的对象包括窗体和控件两类。窗体是个特例，它既是类也是对象。当向一个工程添加一个新窗体时，实质就是由窗体类创建一个窗体对象。

2.2.2　对象的属性、事件和方法

VB 的对象是具有特殊属性和行为方法的一个可视化实体，每一个对象均有自己的特殊属性、事件和方法，称为对象的三要素。

1. 属性

属性即对象的性质，即用来描述和反映对象特征的参数。对象中的数据就保存在属性中，不同的对象有各自不同的属性。例如，在描述一个人时有

姓名＝小红

性别＝女

年龄＝20

民族＝汉

上述式子中左侧的姓名、性别、年龄和民族成为对象的属性名，等号右侧的数据称为属性值。

在 VB 中设置对象的属性有两种方法：

（1）在设计阶段选中对象后利用属性窗口直接设置对象的属性。

（2）在代码窗口中编写代码实现，格式为：

对象名. 属性名=属性值

例如：Label1. Caption=" 欢迎使用 VB6. 0"，可以将标签 Label1 的 Caption 属性设置为"欢迎使用 VB6. 0"。

2. 事件、事件过程和事件驱动

（1）事件

事件是发生在对象身上，且能被对象识别的动作。它经常发生在用户与应用程序交互时，例如单击 Command1 时，会触发 Command1 的单击（Click）事件。VB 系统为每个对象预先定义好了一系列的事件，除了单击之外，还有双击（DblClick）、鼠标滑过（MouseMove）、键盘按下（KeyPress）等。

（2）事件过程

当事件在对象上发生后，应用程序就要处理这个事件。处理事件的步骤就是事件过程。每一个事件过程都是针对某个对象的某一事件。VB 程序设计的主要工作就是为对象编写事件过程的程序代码。事件过程的一般形式为：

Private Sub 对象名_事件（[参数列表]）

      ……   ' 事件过程代码

End Sub

例如，单击命令按钮 Command1 时，将标签的内容设置为"欢迎使用 VB6. 0"，则对应的事件过程为：

Private Sub Command1_Click（ ）

    Label1. Caption=" 欢迎使用 VB6. 0"

End Sub

具体编程时，只要在代码窗口顶部选中了编程对象和该对象的某一事件，系统会自动生成对应的事件过程框架，用户只需在事件过程框架中编写该事件发生时具体要执行的操作对应的程序代码即可。另外，当用户对一个对象发出一个动作时，可能同时在该对象上发生多个事件，例如，当程序运行时在文本框 Text1 中输入 a 时，会触发 Change、KeyPress、KeyDown、KeyUp 事件。而实际写程序时，我们只对感兴趣的事件过程编码，没有编码的为空事件过程，系统不会处理该事件过程。

（3）事件驱动

在面向过程的程序设计中，程序执行的先后顺序由设计人员编写的代码决定，即应用程序自身控制了程序执行哪段代码和按何种顺序执行代码，用户无法改变程序的执行流程。

在面向对象的程序设计中，程序的执行采用事件驱动的编程机制，即程序执行时，一直在等待事件的发生，某事件发生后，程序立即去执行此事件对应的事件过程，执行完后接着等待其他事件的发生，即发生事件的顺序决定了代码执行的顺序，因此，程序多次运行时所经过的代码路径可能是不同的。若没有事件发生，则整个程序一直处于等待状态。

VB 程序的执行步骤如下：

① 启动应用程序，装载和显示窗体。

② 窗体或窗体上的对象等待事件的发生。

③ 事件发生时，执行相应的事件过程。

④ 重复执行步骤②和③。

如此反复，直到遇到"End"结束语句结束程序的运行或单击"结束"按钮强行停止程序的执行。

3. 方法

面向对象的程序设计中，对象除有属于自己的属性和事件外，还拥有自己的行为，即方法。在 VB 中，系统将一些通用的过程和函数编写好并封装起来，作为方法供用户直接调用，因此，调用方法实质就是调用该对象内部的某个特殊的函数或过程。因为方法是面向对象的，所以在调用时一定要指明是哪个对象的方法。对象的方法调用格式为：

[**对象名.**]**方法名** [**参数列表**]

其中，若省略了对象名，则表示调用当前对象的方法，一般指窗体。

例如：

Form1. Print "欢迎使用 VB6. 0"

该语句的作用是调用窗体的 Print 方法在窗体上显示"欢迎使用 VB6.0"。

2.3 窗体

窗体是设计图形用户界面的基本平台，是运行时用户与应用程序交互操作的实际窗口。窗体是所有控件的容器，类似于一块"画布"，设计用户界面就是把工具箱中的控件像摆积木一样"摆"在画布上。

窗体的属性决定了窗体的外观和操作，大部分属性既可以在设计状态通过属性窗口设置，也可以在运行状态通过语句在程序中设置，仅有少量属性只能在设计时或运行时设置。

1. 主要属性

下面(1)到(8)中所列为窗体和多数控件的通用属性，属性值和含义基本一致，以后涉及到控件时不再单独列出。

（1）Name 表示名称，通常作为标识在程序中引用，不会显示在窗体或控件上，只能在设计时修改，这是所有对象都具有的属性。

（2）Caption 为标题属性，窗体标题栏上显示的内容，或者控件上显示的文本内容。

（3）Enabled 属性决定对象是否可用，能否对用户的操作做出响应。属性值只有 True 和 False，值为 True 时允许用户操作并对操作作出响应；值为 False 时，运行时呈灰色，表示不可用状态。

（4）Visible 属性决定运行时对象是否可见。属性值 True 时对象为可见状态，属性值为 False 时对象隐藏起来，用户看不到，但控件本身存在。

（5）Height(高)、Width(宽)、Left(左)和 Top(顶)四个属性决定了对象的大小和位置，单位是 Twip(缇，1 厘米＝567 缇)。对于窗体来说 Top 表示窗体到屏幕顶部的距离，Left 表示窗体到屏幕左边的距离；对于控件来说就是控件相对于窗体的位置，如图 2-1 所示。控件的大小和位置可通过鼠标拖动来修改，也可以通过属性窗口精确设置，如图 2-2 所示。

（6）ForeColor 和 BackColor 属性表示前景颜色(正文颜色)和背景颜色，其值用十六进制常数表示，可以使用调色板设置或系统颜色设置。

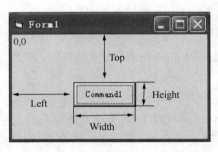

图 2-1　控件位置属性示意图　　　　　　图 2-2　位置类属性

（7）Font 属性用来设置窗体或控件上文本字体的类型、大小、效果等外观特征，包括下列 6 个子属性，FontName（字体，默认宋体）、FontSize（字号）、FontBold（是否为粗体，值为 True 时为粗体）、FontItalic（是否斜体，值为 True 或 False）、FontStrikethru（是否加删除线，值为 True 或 False）、FontUnderline（是否加下划线，值为 True 或 False）。

（8）Picture 属性用于设置窗体或控件中要显示的图片，在属性窗口设置时需要在对话框中选择图片，在程序中设置时需要使用 LoadPicture 函数，它的一般形式为：

对象.Picture＝LoadPicture（"图形文件源路径及文件名"）

在程序中清除窗体或控件中显示的图片，仍需使用 LoadPicture，其格式为：

对象.Picture＝LoadPicture（""）

（9）MaxButton 和 MinButton 属性：用于设置窗体的最大化和最小化按钮是否显示，只能在属性窗口设置，默认值为 True，设置为 False 时，则窗体上没有相应的按钮。

（10）Icon 和 ControlBox 是图标和控制菜单属性。在属性窗口中设置 Icon 属性即选择一个图标文件（.ico 或 .cur），当窗体最小化时以该图标显示。ControlBox 属性值默认为 True，当设置为 False 时，窗体左上角没有控制菜单框。

（11）BorderStyle 属性用于设置窗体的边框样式。该属性值为 0~5，决定窗体是否可以移动或改变大小等。默认值为 2-Sizable，窗体为双线边框，可移动并可以改变大小。

（12）WindowsState 属性用于设置窗体的状态。该属性值可以为 0、1、2，分别对应正常状态、最小化状态和最大化状态。

（13）StartUpPosition 属性表示窗体的初始位置，该属性值为 0~3，默认为 3，设置为 2 时，启动程序时窗体位于屏幕中心位置。

2. 事件

窗体最常用的事件为 Click 事件、DblClick 事件和 Load 事件，窗体的其他事件还包括 Activate（窗体激活）、Deactivate（未激活）、Initialize、Paint、Resize 和 Unload 事件等，在代码窗口的过程列表框中可查看和编写所有事件过程。

（1）Form_Click：单击事件，是在窗体上单击鼠标左键时发生的事件。

（2）Form_DblClick：双击事件，是在窗体上双击鼠标左键时发生的事件，同时激发单击事件。

（3）Form_Load：装载事件，是当窗体从磁盘装入内存时触发的事件，通常运行程序时自动装入启动窗体即触发了 Load 事件，用于对属性和变量初始化。Unload 事件是当窗体被卸载时发生。

（4）Form_Initialize：当应用程序创建一个窗体时，将触发 Initialize 事件，通过 Initialize

事件可以初始化窗体需要使用的数据。窗体的 Initialize 事件发生在 Load 事件之前。

3. 方法

窗体的方法包括 Print、Cls、Move、Show、Hide 和 Refresh 等。

（1）Print 方法

窗体的 Print 方法用于在窗体上输出信息，图形框 PictureBox 也具有 Print 方法。

Print 方法的一般形式为：

[对象名.]Print [定位函数][表达式列表][分隔符]

其中[ ]内为可省参数；对象可以是窗体、图形框或打印机，若省略对象名即为在当前窗体上输出；定位函数包括 Tab(n)和 Spc(n)。

① Tab(n)表示定位于从对象最左端算起的第 n 列。如果 n<1，则 Tab 将输出位置移动到第 1 列；若 Tab(n)中 n 值小于当前位置的值，则重新定位于下一行的 n 列。

② Spc(n)的作用是输出时跳过 n 个空格。

③ 无定位函数时，由对象的当前位置决定输出项的位置。

④ 表达式列表是要输出的数值或字符串表达式。

⑤ 分隔符包括逗号和分号，决定输出后光标的定位，分号(;)表示以紧凑格式输出，光标定位在上一个显示的字符后；逗号(,)表示按标准格式输出，光标定位在下一个打印区的开始位置处(每个打印区 14 列)。输出列表后没有分隔符表示输出后换行，即光标定位在下一行的行首。

例如：

Print Tab(3);"abcd"　'定位到第 3 列,输出"abcd"后换行

Print Spc(3);"ef"　'跳过 3 个空格(定位到第 4 列),输出"ef"后换行

Print "welcome";　'输出"welcome",并把光标定位到最后一个 e 字母之后

Print " to China"　'在光标当前位置(即上一行的 e 字母后)输出" to China"后换行

Print "欢迎学习";Tab(3);"VB6.0"

运行效果如图 2-3 所示。

Print 方法不仅有输出功能还有计算功能，对于表达式的值先计算后输出。例如，例 1-1 中 command3 的代码也可以写成下面的形式，输出结果是一样的。

Print Tab(2);Text1.Text& Label4.Caption&Text2.Text&Label5.Caption&Text3.Text

其中 & 是字符串连接运算符，把两个字符串连接到一起构成新的字符串。

图 2-3　Print 方法练习

（2）Cls 方法

用于清除运行时在窗体上所生成的文本或图形。格式为：

[对象.]Cls

其中，"对象"为窗体或图形框，省略为窗体。

例如，清除图 2-3 在运行时输出的内容，代码为：

Cls

（3）Move 方法

用于移动窗体或控件到一定的位置，并可同时改变其大小。

Move 方法的一般形式为:

[对象名.]**Move** 左边距离 [,上边距离][,宽度][,高度]

例如:

Form1.Move Form1.Left+100,Form1.Top,Form1.Width/2,Form1.Height * 2

表示将窗体水平向右移动 100 缇(Twip),同时窗体的宽度缩小为原来的一半,高度变为原来的 2 倍。

如果希望向上移动 100 缇,左右位置不变,大小不变,代码为:

Form1.Move Form1.Left,Form1.Top−100

【例 2-1】 编写一个标签随鼠标移动的程序。

【分析】 在窗体上摆放一个标签 Label1,然后在代码窗口输入以下代码即可。

Private Sub Form_Load( )
  Label1.Caption=" 和鼠标一起移动"
End Sub
Private Sub Form_MouseMove(Button As Integer,Shift As Integer,X As Single,Y As Single)
  Label1.Move X,Y '鼠标移动时使标签移动到鼠标所在的位置
End Sub

(4) Show 方法

Show 方法用来显示窗体,Show 方法的一般形式为:

对象.**Show**([模式])

模式分 0 和 1 两种,0-Modeless(非模式),可以对其他窗体进行操作;1-Model,关闭才能对其他窗体进行操作。默认为 0。

例如:Form2.Show

将窗体 Form2 显示出来。Show 方法有自动装载窗体的功能,如果在 Form_Load 事件内打印信息,必须使用 Show 方法或者把窗体的 AutoRedraw 属性设为 True,否则,当程序运行时窗体上什么都不显示。

(5) Hide 方法

Hide 方法即隐藏窗体,就是让该窗体不可见,当窗体不可见时,不能访问该窗体中的任何控件对象。Hide 方法只是隐藏窗体,但不能卸载窗体,即窗体还在内存中。要卸载窗体需要使用 Unload 语句。隐藏窗体和卸载窗体的一般形式为:

对象.**Hide**

Unload 对象

(6) Refresh 方法

Refresh 方法是对一个窗体进行全部重绘。如果没有事件发生,窗体或控件对象的绘制是自动处理的,不需要使用 Refresh 方法,但是如果希望窗体显示内容、文件列表框或目录列表框等立即更新时,可使用 Refresh 方法。

2.4 基本控件

VB 中可以使用的控件很多,大体上分为三类:标准控件、ActiveX 控件和可插入对象三类。标准控件又称内部控件,它们总是出现在工具箱中,VB 中的标准控件有 20 个。下面介

绍几个常用的基本控件。

2.4.1 标签

标签主要用于显示一小段文本，通常用来标注本身不具有 Caption 属性的控件，例如文本框。

1. 常用属性

（1）Caption 属性用于设置标签中显示的内容。

（2）Alignment 属性用于设置对齐方式，0-标题靠左，1-标题靠右，2-标题居中。

（3）AutoSize 属性用于设置标签是否自动调整大小。属性值为 True 时标签自动调整大小；为 False 时标签保持设计时的大小。

（4）BorderStyle 属性用于设置边框风格，默认值为 0，标签无边框；设置为 1-Fixed Single 时标签有边框。

（5）BackStyle 属性用于设置背景风格。默认为 1 标签覆盖背景；设置为 0-Transparent 时，标签透明，看起来的效果就像标题直接显示在窗体上，在图 2-4 中显示的是 3 个标签的不同设置效果。

图 2-4 标签属性示例

2. 常用事件

标签可以触发 Click 和 DblClick 等事件，但是标签经常用来显示标题或文字说明，很少用它的事件过程。

3. 常用方法

标签也具有 Move 方法，和窗体的 Move 方法一样使用。

2.4.2 文本框

文本框是一个文本编辑区域，用户可以在该区域输入、编辑、修改和显示文本内容。

1. 常用属性

（1）Text 属性用于设置文本框中显示的文字内容。

（2）MaxLength 属性决定文本框中最多允许输入字符的个数(一个西文字符和一个汉字都算一个字符)。缺省值为 0，对于单行显示的文本框来说，最多输入的字符个数不能超过内存强制建立的值，对于多行显示的文本框，最多输入字符大约为 32K。将 MaxLength 设置为任何大于 0 的数可设置文本框最多允许输入的字符数，运行过程中输入超过允许的字符个数时，文本框不再接收输入的字符，并有响声提示。

（3）MultiLine 属性决定文本框是否可以多行显示。缺省值为 False，全部内容只能在一行上显示；设置为 True 时字符可以多行显示，即一行放不下时文本可自动换行。

（4）ScrollBars 属性用于设置是否显示滚动条。当 MultiLine 为 True 时，ScrollBars 属性才有效。属性值可以为 0、1、2 和 3。0-没有滚动条；1-水平滚动条；2-垂直滚动条；3-水平和垂直方向都有滚动条。

（5）SelLength 属性表示文本框中当前选中的字符个数，只可在运行时使用。

（6）SelStart 属性表示文本框中当前选中的字符中第一个字符的位置，运行时可用，若从第 1 个字符开始选，SelStart 值需要设为 0。

（7）SelText 属性表示文本框中当前选中的文本内容，运行时使用。

（8）Locked 属性值为 True 时表示文本框内容不可编辑。

（9）PasswordChar 属性用于设置密码字符，此时文本框中显示该字符而不是输入的字

15

符，输入的真实值可以由 Text 属性返回。例如，PasswordChar 设为 ＊，则输入的字符全部显示为 ＊。

图 2-5　SelStart 等属性练习

2. 常用方法

SetFocus 方法把输入光标(焦点)移到指定的文本框中。例如：

Text1.SetFocus

表示把焦点放到文本框 Text1 中。

【例 2-2】　SelStart 等属性的练习，界面如图 2-5 所示。

【分析】　程序实现的功能是在 Text2 中输入选择的起始位置，Text3 中输入选择的字符的个数后，单击"按属性选择"按钮，在 Text1 中按要求选中相应的内容，并将其显示在 Text4 中。另外，在文本框中选择文本后，单击"显示属性值"按钮，在 Text2、Text3、Text4 中分别显示选择文本的起始位置、长度和选中的内容。窗体及各控件的属性设置如表 2-1 所示，其中将 Text1 的 HideSelection 属性设置为 False，目的是使 Text1 失去焦点时选择文本仍然能加亮显示。

表 2-1　窗体及各控件属性

对　象	属性名	属性值	对　象	属性名	属性值
Form1	Caption	SelStart 等属性的练习	Text4	Locked	True
Text1	Text	欢迎使用 VB6.0	Label1	Caption	SelStart
	HideSelection	False	Label2	Caption	SelLength
Text2	Text	空	Label3	Caption	SelText
Text3	Text	空	Command1	Caption	按属性选择
Text4	Text	空	Command2	Caption	显示属性值

程序代码：

```
Private Sub Command1_Click( )
    Text1.SetFocus
    Text1.SelStart = Text2.Text
    Text1.SelLength = Text3.Text
    Text4.Text = Text1.SelText
End Sub

Private Sub Command2_Click( )
    Text2.Text = Text1.SelStart
    Text3.Text = Text1.SelLength
    Text4.Text = Text1.SelText
End Sub
```

3. 常用事件

(1) Change：当文本框的 Text 属性发生变化时触发。

(2) GetFocus：当焦点进入文本框时触发。

（3）LostFocus：当焦点离开文本框时触发。

（4）KeyPress：当按下且释放键盘上的一个 ANSI 键时触发，同时返回所按键的 ASCII 码值。

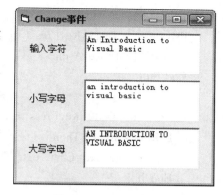

图 2-6　Change 事件

【例 2-3】　在窗体上有 3 个文本框，要求在第 1 个文本框内输入一段英文，在输入的过程中同时在文本框 2 显示对应的大写字母，在文本框 3 中显示对应的小写字母，运行效果如图 2-6 所示。

【分析】　窗体及各控件的属性设置如表 2-2 所示。大小写字母转换要求在文本框 1 中输入字符的同时进行，所以选择文本框 1 的 Change 事件，因为每输入一个字符，文本框 1 的 Text 属性都发生了变化，就会激发 Change 事件。Ucase 将小写字母转换为大写字母，Lcase 将大写字母转换为小写字母，例如 Ucase("abceFS")的结果就是 ABCEFS。

表 2-2　窗体及各控件属性

对　象	属性名	属性值	对　象	属性名	属性值
Form1	Caption	Change 事件	Label1	Caption	输入字符
Text1 Text2	Text	空	Label2	Caption	小写字母
Text3	MultiLine	True	Label3	Caption	大写字母

程序代码：

```
Private Sub Text1_Change( )
    Text2.Text = LCase( Text1.Text )
    Text3.Text = UCase( Text1.Text )
End Sub
```

【例 2-4】　编写一个字符和 ASCII 值相互转换的程序，如图 2-7 所示。

图 2-7　字符和 ASCII 码值相互转换界面

【分析】　Text1 中允许输入一个字符，输入后在 Text2 中会自动显示该字符的 ASCII 码值。在 Text2 中输入 32-126 之间的数字(ASCII 码值 32-126 分配给了能在键盘上找到的可打印字符)后按回车，在 Text1 中会显示该 ASCII 码值对应的字符。窗体及各控件的属性设置如表 2-3 所示。

表 2-3　窗体及各控件属性

对　象	属性名	属性值	对　象	属性名	属性值
Form1	Caption	字符和 ASCII 码值转换	Text2	Text	空
Text1	Text	空	Label1	Caption	字符
Text1	MaxLength	1	Label2	Caption	ASCII 码值(32-126)

17

程序代码：

```
Private Sub Text1_KeyPress(KeyAscii As Integer)
    Text2.Text = KeyAscii
End Sub

Private Sub Text2_KeyPress(KeyAscii As Integer)
    If KeyAscii = 13 Then            '按下回车键
        Text1.Text = Chr(Text2.Text)
    End If
End Sub
```

【例2-5】 编写一个用户登录的程序，如图2-8和图2-9所示。

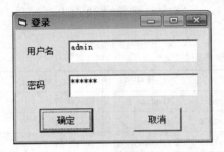

图2-8 登录界面

图2-9 欢迎使用界面

【分析】 该程序需要两个窗体，添加第2个窗体的方法是单击"工程｜添加窗体"菜单，在弹出的"添加窗体"对话框中选择"窗体"后单击"打开"按钮即可。Form1和Form2的窗体及各控件的属性设置如表2-4和表2-5所示。其中将Text1的TabIndex属性设置为0，目的是使窗体加载后，Text1首先获得焦点。Form2中使用2个标签实现字体阴影的效果。

表2-4 Form1及各控件属性

对　　象	属性名	属性值	对　　象	属性名	属性值
Form1	Caption	登录	Label1	Caption	用户名
Text1、Text2	Text	空	Label2	Caption	密码
Text2	MaxLength	6	Command1	Caption	确定
Text2	PasswordChar	*	Command2	Caption	取消

表2-5 Form2及各控件属性

对　　象	属性名	属性值	对　　象	属性名	属性值
Form2	Caption	欢迎		Caption	欢迎使用程序
Label1	Caption	欢迎使用程序		Left、Top	770、630
	Left、Top	720、600	Label2	Font	隶书、粗体、一号
	Font	隶书、粗体、一号		ForeColor	&H0000FF00&
	ForeColor	&H80000012&			

18

程序代码为:

```
Private Sub Command1_Click( )
    '假设用户名为 admin,密码为 123456
    If Text1.Text = "admin" And Text2.Text = "123456" Then
        Unload Form1        '卸载 form1
        Form2.Show          '显示 form2
    Else
        MsgBox "用户名或密码有误,请重新输入!"
        Text1.SetFocus
    End If
End Sub


Private Sub Command2_Click( )
    End
End Sub


Private Sub Text2_LostFocus( )
    If IsNumeric(Text2.Text) = False Then    'Text2 中存在非数字字符
        MsgBox "密码必须为数字!"
        Text2.SetFocus
    End If
End Sub
```

2.4.3 命令按钮

1. 常用属性

(1) Caption 属性用于设置命令按钮的标题,标题中加 &+字母,可设置快捷键为 Alt+该字母。例如将 Command1 的 Caption 属性设为 &Open 后,标题上显示的效果是 Open,运行时按下 Alt 键+O,相当于单击该命令按钮。

(2) Style 属性表示按钮的样式。默认值为 0,只显示文字;设置为 1 时才显示图片。

(3) Picture 属性用于设置在按钮上显示的图片,当 Style 属性设为 1 时有效。

(4) Cancel 属性设置为 True 时,按键盘上的 Esc 键相当于单击该按钮。

(5) Default 属性设置为 True 时,当窗体中的所有按钮都不具有焦点时,按 Enter 键相当于单击该命令按钮。

(6) ToolTipText 为工具提示属性,可与 Picture 属性同时使用,当鼠标在按钮上暂停时显示的提示文本。

2. 事件

命令按钮最常用的是单击事件 Click。

【例 2-6】 编写一个命令按钮的属性和事件练习的程序,如图 2-10 所示。

【分析】 该程序的功能是单击"显示"按钮,显示文本框;单击"隐藏"按钮,隐藏文本框;单击图标按钮,退出应用程序。窗体及各控件的属性设置如表 2-6 所示。

图 2-10　命令按钮练习程序

表 2-6　窗体及各控件属性

对象	属性名	属性值	对象	属性名	属性值
Form1	Caption	命令按钮练习		Caption	空
Text1	Text	空		Style	1-Graphical
Command1	Caption	显示(&S)	Command3	Picture	E：\KEY04. ICO
	Enabled	False		ToolTipText	结束应用程序
Command2	Caption	隐藏(&H)			

程序代码为：

```
Private Sub Command1_Click( )
    Text1. Visible = True
    Command1. Enabled = False
    Command2. Enabled = True
End Sub

Private Sub Command2_Click( )
    Text1. Visible = False
    Command1. Enabled = True
    Command2. Enabled = False
End Sub

Private Sub Command3_Click( )
    End
End Sub
```

小结

本章简介了程序设计发展的 3 个阶段,介绍了面向对象相关的概念,例如对象的三要素、事件驱动的编程机制等。最后介绍了窗体、标签、文本框和命令按钮等几种对象的属性、方法和事件。

习题

2-1 VB 作为一种面向对象的可视化程序设计语言,采用了什么样的编程机制?

2-2 属性和方法的区别是什么?

2-3 标签和文本框的区别是什么?

2-4 如何在文本框中显示多行文字,应设置什么属性?

2-5 若要改变控件在窗体中的位置,需要修改控件的哪两个属性?

2-6 文本框获得焦点的方法是什么?

2-7 Form_Load 事件中使用 Print 方法在窗体上输出内容不能显示时,应如何处理?

2-8 简述文本框的 Change 事件和 KeyPress 事件的区别?

2-9 编写程序,在窗体上添加 1 个文本框、1 个标签和 1 个命令按钮,单击命令按钮时在标签上显示"VisualBasic",在文本框中显示"程序设计"。

第3章 VB语言基础

程序设计中的大部分功能实际上都是通过程序代码来实现的，任何一个程序设计语言都有其特定的编程规定。本章主要介绍 VB 的编码规则、数据类型、常量、变量、运算符、表达式以及常用内部函数以及它们的用法。

3.1 数据类型

3.1.1 VB 编码规则

VB 和任何程序设计语言一样，编写代码必须符合规定的书写规则。VB 使用 Unicode 字符集，其基本字符包括阿拉伯数字、大小写英文字母和一些特殊字符等，其书写规则主要有以下几点：

（1）VB 代码不区分字母的大小写

系统保留字自动转换每个单词的首字母大写；用户自定义标识符以第一次出现为准。

（2）语句书写自由

一行可书写几条语句，语句之间用冒号分隔；一条语句可分若干行书写，用续行符"_"（空格+下划线）连接，一行不超过 255 个字符。

（3）注释有利于程序的维护和调试

Rem 或单撇号"'"开始为注释内容，注释内容程序不执行，只是方便阅读理解。

（4）保留行号与标号

3.1.2 数据类型

现实生活中常常会遇到各种不同的信息，比如描述一个人，包括姓名、身高、出生日期等信息。这些信息存放到计算机中，必须按照固定的规则进行记录。在程序设计中，为了更真实地反映现实世界，总是尽量在计算机中使用不同的表示形式来标识和记录这些数据，姓名是字符型，身高是数值型，出生日期是日期型。不同类型的数据有不同的处理方法和取值范围。VB 提供了多种标准数据类型（见表 3-1），还可以由用户自定义数据类型。

【说明】

（1）字符类型存放字符型数据，字符可以包括所有西文字符和汉字，字符两侧用双引号" ""括起。例如"123"、"abc123"、"东北石油大学"。

（2）日期型数据有两种表示方法，一种是以任何字面上可被认作日期和时间的字符，用#将其括起来，例如#10/5/2016#、#2008-8-8 12：30：00pm#。另一种是以数字序列表示。用数字序列表示时，小数点左边的数字表示日期，小数点右边的数字表示时间，0 为午夜，0.5 为中午 12 点，负数代表的是 1899 年 12 月 31 日之前的日期和时间。

（3）变体型是一种特殊的数据类型，是所有未定义类型的变量的缺省类型，可以用来存储任意一种类型的数据。

（4）在实际使用的过程中，要根据具体问题选用适当的数据类型，表示范围越大、精度越高的数据类型所占用的内存空间也越大、处理速度越慢。

表 3-1　Visual Basic 的标准数据类型

数据类型	关键字	类型符	占用字节数	取值范围
整型	Integer	%	2	-32768~32767
长整型	Long	&	4	-2147483648~2147483767
单精度	Single	!	4	-3.40E38~3.40E38
双精度	Double	#	8	-1.797D308~1.797D308
字符型	String	$		0~65536 个字符
逻辑型	Boolean		2	True 或 False(真或假)
日期型	Date		8	01，01，100~12，31，9999
货币型	Currency	@	8	-922337203685477.5807~922337203685477.5807，15 位整数和 4 位小数组成的定点数
变体型	Variant		按需分配	任意值

3.2　常量与变量

计算机在处理数据时，必须将其装入内存。在 VB 中，需要将存放数据的内存单元命名，通过内存单元名来访问其中的数据。被命名的内存单元，就是变量或常量。

3.2.1　变量或常量的命名规则

在 VB 中，变量或常量的命名规则如下：

① 以字母或汉字开头，后可跟汉字、字母、数字或下划线，长度小于等于 255 个字符；

② 不能使用 VB 中的关键字；

③ VB 中不区分变量名的大小写，具体是大写还是小写以第一次出现的为准；

④ 为了增加程序的可读性，可在变量名前加一个缩写的前缀来表明该变量的数据类型。

3.2.2　常量

在程序运行期间其值不能被改变的量为常量。对于常量，在程序运行期间，其内存单元中存放的数据始终保持不变。VB 中有三种常量：直接常量、用户声明的符号常量和系统提供的常量。

（1）直接常量

直接常量包括数值型、字符串型、逻辑型和日期时间型常量。如表 3-2 所示。

表 3-2　常量举例

常量值	常量类型	常量值	常量类型
123	十进制整型常量	1.23	浮点型常量
123&	十进制长整型常量	"123 abc "	字符串型常量
&O123	八进制整型常量$(123)_8$	True 或 False	逻辑型常量
&H123	十六进制整型常量$(123)_{16}$	#1/2/2010 2:12:23 AM#	日期时间型常量

（2）符号常量

符号常量是用标识符表示的常数。在程序设计中，如果某常数多次被引用或需要描述用符号表示的常数时可以使用符号常量。符号常量的定义形式如下：

［Public｜Private］Const 符号常量名［As 类型］=表达式

例如：Const PI = 3. 1415926

声明了 PI 为符号常量，以后在程序中 PI 即代表 3. 1415926 这个常数。

（3）系统提供的内部常量

VB 系统提供的常量位于对象库中，在"对象浏览器"中可以查看内部常量。在 VB 中内部常量又称预定义常量，在编程的过程中可以直接使用。内部常量通常以 vb 开始，例如 vbRed、vbCrLf。

3. 2. 3　变量

程序运行期间其值可以改变的量为变量。对于变量，在程序运行期间，其内存单元中存放的数据可以根据需要随时改变，即在程序运行的过程中，可以将满足要求的不同的数据放入存储单元存放，新的数据存入后，原来的数据将被覆盖。在程序中使用变量一般需要先声明。

1. 变量的显式声明

变量显式声明的一般形式：

声明符　变量名［As 类型］

在过程内声明变量通常用声明符 Dim，其他还有 Public、Private、Static 等关键字，将在后面章节介绍。例如：

Dim a As Integer

表示定义 a 为整型变量。定义时省掉 As 类型部分表示变量为变体类型，可以给其赋任意类型的值。定义时候可以用类型符表示定义变量的类型，例如：

Dim a%

该声明语句也表示定义变量 a 为整型。一条 Dim 语句可以同时定义多个变量，各变量声明之间用逗号分隔，但每个变量必须有自己的类型声明。例如：

Dim a As Integer，b As Single

表示定义 a 为整型变量，b 为单精度类型变量，而声明语句

Dim a，b，c As Integer

表示定义 a 和 b 为变体类型，c 为整型，即在 Dim 语句定义变量时的数据类型不是所有变量共用的。

在 VB 中，变量也可以不声明直接使用，这时变量的类型为变体类型。如果在通用声明处有 Option Explicit，则所有变量必须先声明才可使用。

一般来说，如果只是在某个事件过程中使用的变量，则变量的声明语句写到事件过程内部即可；如果是多个事件过程共用的变量，则需将变量的声明语句写到代码窗口的通用声明处。

2. 变量的赋值

数值型变量声明后缺省值为 0，字符型变量声明后缺省值为""，逻辑性变量声明后的缺省值为 False。如果让变量代表具体的值时，需要给变量赋值，方法和给对象的属性赋值类似，具体可参见 4. 1 小节。

【例 3-1】 计算圆面积和周长。运行效果如图 3-1 所示，在文本框 1 中输入半径后，单击"计算"按钮，则分别在文本框 2 和文本框 3 中显示圆面积和周长的计算结果。

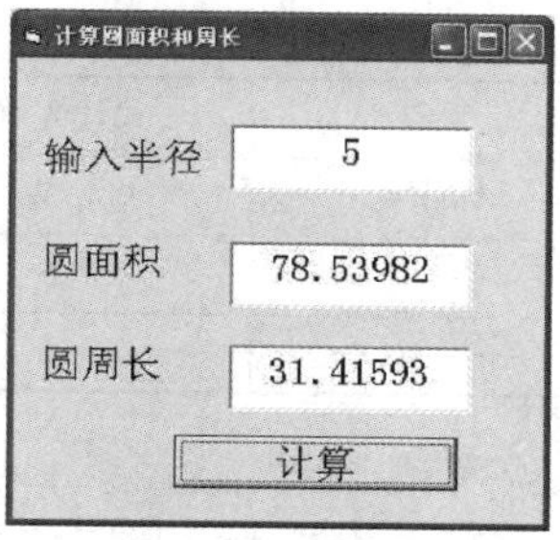

【分析】 程序中需要 3 个变量分别表示半径、面积和周长；而且在程序中两次用到 π，但在 VB 中不能识别 π，所以可以定义符号常量 PI 表示 π。

图 3-1　计算圆面积和周长

具体程序为：

```
Private Sub Command1_Click( )
    Const PI = 3.1415926          '定义 PI 为符号常量,表示 3.1415926
    Dim r As Integer,s As Single,c As Single    'r 为整型变量,s 和 c 为单精度类型变量
    r = Text1.Text               '从文本框 1 中取出输入的半径,用 r 表示
    s = PI * r * r               '计算圆面积 s
    c = 2 * PI * r               '计算圆的周长 c
    Text2.Text = s               '将算出的面积 s 放到文本框 2 中
    Text3.Text = c               '将算出的周长 c 放到文本框 3 中
End Sub
```

【说明】 程序设计的过程，基本上都可以分为这样的几部分：变量定义、数据输入、数据处理和数据输出。

3.3　运算符与表达式

运算是对数据的加工，数据类型不同，允许参加的运算也不同。运算符是实现各种不同运算的符号。表达式是由常量、变量、运算符、函数和圆括号按一定规则构成的有意义的算式。

VB 中的运算符可分为算术运算符、字符串运算符、关系运算符和逻辑运算符四类。这四类运算符的优先级为：

算术运算符>字符串运算符>关系运算符>逻辑运算符

3.3.1　算术运算符与算术表达式

VB 提供了 8 个算术运算符，其运算规则及优先级可参照表 3-3，此处假设变量 x 的值为 5。

算术表达式是用算术运算符把数值型的常量、变量、函数连接起来的式子，表达式的运行结果为一个数值。

表 3-3　算术运算符的运算规则

运算符	优先级	运算规则	算术表达式举例	值
^	1	幂运算	x^2	25
−	2	负号	−x	−5
*	3	乘	x * x	25
/	3	除	x/2	2.5
\	4	整除	x\2	2

25

运算符	优先级	运算规则	算术表达式举例	值
Mod	5	取余数	x Mod 2	1
+	6	加	x+2	7
−	6	减	x−3	2

说明：

（1）表达式中乘号不能省略，例如 2a 必须写成 2 * a。

（2）可以使用括号改变运算的优先级，且只能使用圆括号，括号可以嵌套使用。例如，((x Mod 10)\10)/5。

（3）如果操作数为实数，做整除和求余时先四舍五入取整，再运算，例如

5 Mod 2.8 = 2　　　5\2.8 = 1

【例 3−2】　随机产生一个三位数，求这个三位数的各位数字之和。

程序如下：

```
Private Sub Command1_Click( )
    Dim x%,i%,j%,k%
    x = Int( Rnd * 900+100)        '产生一个随机的三位数
    i = x\100                      '分离出三位数中百位上的数字
    j = x\10 Mod 10                '分离出三位数中十位上的数字
    k = x Mod 10                   '分离出三位数中个位上的数字
    Print x & "的各位数字之和为" & i+j+k
End Sub
```

3.3.2　字符串连接运算符和字符串表达式

字符串运算符只有+和 & 两种，实现字符串的连接。"+"作为字符串运算符，要求左右两侧运算对象均为字符型，否则出错或按照算术加法进行运算；"&"运算符不论是否为字符串都可正常连接，但是 & 运算符和操作数之间必须有一个空格，否则作为长整型的类型定义符处理。例如

```
"abc" +" 123"          '运算结果为"abc123"
"abc" & " 123"         '运算结果为"abc123"
"abc" & 123            '运算结果为"abc123"
"123" +456             '运算结果为579
"abc" +123             '运算时会出现"类型不匹配"的错误。
```

3.3.3　关系运算符与关系表达式

关系运算符有 =（相等）、>（大于）、>=（大于等于）、<（小于）、<=（小于等于）、<>（不等于）等，它们的优先级相等。关系运算符主要用来比较两个量的大小关系，如果两个操作数都是数值型，则按大小比较；如果两个操作数都是字符型，则按字符的 ASCII 码从左到右逐一比较，直到出现不同的字符为止。用关系运算符将两个运算对象连接起来的合法的式子称为关系表达式，关系表达式的值只有两种，即 True 和 False。

3.3.4　逻辑运算符与逻辑表达式

VB 中的逻辑运算符有 Not（取反）、And（与）、Or（或）、Xor（异或）、Eqv（等价）和 Imp

（蕴含），逻辑表达式的值也只有 True 和 False 两种。具体运算规则见表 3-4，设 a=1，b=2，c=3。

表 3-4　逻辑运算符的运算规则

运算符	优先级	运算规则	逻辑表达式举例	值
Not	1	取反	Not a>b	True
And	2	两个操作数都为真，结果为真，有一个为假，结果即为假	a<b And b<c	True
			a>b And c>b	False
Or	3	两个操作数有一个为真，结果即为真，两个都为假时，结果为假	a>b Or c>b	True
			a>b Or b>c	False
Xor	3	两个操作数一个为真，一个为假时结果为真，同时为真或假时结果为假	a>b XOr c>b	True
			a<b Xor b<c	False
Eqv	4	两个操作数相同时，结果才为真	a>b Eqv b>c	True
			a>b Eqv b<c	False
Imp	5	第一个操作数为真，第二个为假，结果为假，否则都为真	a>b Imp b>c	True
			a<b Imp b>c	False

3.4　VB 常用函数

函数（Function）是一种特殊的语句或程序段，每一种函数都可以进行一种具体的运算。在 VB 中，函数可分为标准函数和用户自定义函数两大类。

标准函数也叫内部函数或预定义函数，它是由 VB 语言直接提供的函数，按其功能分为数学函数、转换函数、字符串函数、日期和时间函数、判断函数、输入函数、消息（输出）函数和格式输出函数等。

1. 数学函数

数学函数主要用来完成数学运算，常用数学函数如表 3-5 所示。

表 3-5　常用数学函数

函数名	功能说明	实　例	结　果
Sin(x)	返回 x 的正弦值，x 的单位为弧度	Sin(3.14/2)	1
Cos(x)	返回 x 的余弦值，x 的单位为弧度	Cos(0)	1
Tan(x)	返回 x 的正切值，x 的单位为弧度	Tan(1)	1.5574077246549
Atn(x)	返回 x 的反正切值，返回值单位为弧度	Atn(1)	.785398163397448
Log(x)	返回 x 的自然对数	Log(5)	1.6094379124341
Exp(x)	返回以 e 为底的 x 的指数值	Exp(5)	148.413159102577
Sqr(x)	返回参数 x 的平方根值	Sqr(25)	5
Abs(x)	返回 x 的绝对值	Abs(−5)	5
Sgn(x)	判断参数的符号，当 x>0 时返回 1，x=0 时返回 0，x<0 时返回−1	Sgn(−5)	−1
Rnd[(x)]	返回 0~1 的随机小数	Rnd * 10+5	12.05548(5~15 之间的随机数)

【说明】

（1）三角函数的单位都是弧度。

（2）Rnd 函数返回小于 1 但大于或等于 0 的单精度型随机数，产生[a，b]范围内的随机整数的通用表达式为：

Int(Rnd * (b-a+1)+a)

（3）为保证每次运行产生不同序列的随机数，需使用 Randomize 语句，一般形式为：

Randomize

2. 转换函数

转换函数用来实现不同类型数据之间的转换，常用转换函数如表 3-6 所示。

表3-6　常用转换函数

函数名	功能说明	实　例	结　果
Str[$](N)	将数值转换为字符串，如果是正数，前面加一个空格	Str(123)	" 123"
CStr[$](N)	将数值转换为字符串，如果是正数，前面没有空格	CStr(123)	"123"
Val(C)	将字符串转换为数字数值，遇到非数字字符停止	Val("123ab")	123
Chr[$](N)	将 ASCII 码值转换为字符	Chr(65)	"A"
Asc(C)	将字符串中的第一个字符转成 ASCII 码值	Asc("AB")	65
Lcase[$](C)	大写字母转换为小写字母	Lcase("Abd")	"abd"
Ucase[$](C)	小写字母转换为大写字母	Ucase("Abd")	"ABD"
Int(N)	返回不大于 N 的最大整数	Int(7.9) Int(-7.9)	7 -8
CInt(N)	对 N 四舍五入取整	CInt(7.9) CInt(-7.9)	8 -8
Fix(N)	返回 N 的整数部分，即截尾取整	Fix(7.9) Fix(-7.9)	7 -7
Round(N)	返回 N 四舍五入后的整数值	Round(7.9) Round(-7.9)	8 -8

【说明】

（1）函数名后面[ ]中的 $ 表示函数的返回值是字符型的，且函数中[ ]部分的内容可以省略，以后多数的一般形式说明中的[ ]都表示此意义。

（2）另外还有 Hex(N) 和 Oct(N) 分别表示将十进制数转换成十六进制和八进制。

3. 字符串函数

常用的字符串函数见表 3-7。

表3-7　常用字符串函数

函数名	功能说明	实　例	结　果
Ltrim[$](C)	去掉字符串左边的空格	Ltrim(" abc")	"abc"
Rtrim[$](C)	去掉字符串右边的空格	Rtrim("abc ")	"abc"
Trim[$](C)	去掉字符串的左右两边的空格	Trim(" abc ")	"abc"
Left[$](C, n)	取出字符串左边的 n 个字符	Left("abcde", 3)	"abc"
Right[$](C, n)	取出字符串右边的 n 个字符	Right("abcde", 3)	"cde"
Mid[$](C, m, n)	从字符串中的第 m 个位置开始取出 n 个字符	Mid("abcde", 3, 2)	"cd"

函数名	功能说明	实　例	结　果
Len(C)	求字符串长度	Len("abc123")	6
Space(n)	返回由 n 个空格构成的字符串	Space(3)	"　"
String[$](n, C)	返回由 n 个字符串首字符的构成的字符串	String(5,"abcd")	"aaaaa"
InStr([n], String1, String2, [M])	从 String1 的第 n 个位置开始找 String2, 返回第一次出现的位置, 没出现返回 0, 参数 M=0, 1 控制是否区分大小写	InStr("abcdebc","bc")	2

【例 3-3】　编写程序, 实现根据输入的学号, 自动生成学生的准考证号, 运行界面如图 3-2 所示。

【分析】　准考证号的产生规则为, 将 12 位学号的 1、2、5、8 位去掉, 然后在 3、4 位添加 28, 构成一个 10 位的准考证号, 这里可以使用字符串处理函数。

图 3-2　准考证号计算程序

```
Private Sub Command1_Click()
    Dim xh$,kh$
    xh = Text1.Text
    kh = Mid(xh,3,2)& "28" & Mid(xh,6,2)& Right(xh,4)
    Label1.Caption = kh
End Sub
```

4. 日期和时间函数

日期和时间函数很多, 表 3-8 仅列出了比较常用的几种。

【说明】

(1) 日期与时间函数中的"DateString"表示参数是日期字符串。

(2) "TimeString"表示参数是时间字符串。

表 3-8　常用日期和时间函数

函数名	功能说明	实　例	结　果
Date[$]()	返回计算机系统的当前日期	Date()	2011-01-12
Now()	返回系统日期和时间	Now()	2011-1-12 20:09:01
Time[$]()	返回计算机系统中的当前时间	Time$()	20:09:29
Year(DateString)	返回年号	Year("2011,01,12")	2011
Day(DateString)	返回日期值	Day("2011,01,11")	11
Hour(TimeString)	返回小时	Hour("20:09:01")	20

5. 格式函数

格式函数 Format 可以将数值、字符串或日期按指定的格式输出, 常和 Print 方法配合使用。Format 函数的形式如下:

Format(表达式[, 格式字符串])

【说明】

● 表达式: 要格式化输出的数值、日期和字符串表达式。

● 格式字符串: 指定表达式输出格式的字符串。格式字符串有三类: 数值格式、字符

29

串格式和日期时间格式。

（1）常用的数值格式

"0"：显示一位数字，若此位置没有数字（即实际数字位数小于格式位数），则数字前后加0；若实际数字位数大于格式位数，则整数部分按实际数值显示，小数部分四舍五入。例如：

Print Format(123.458,"0000.0000")　　　'输出结果为 0123.4580

Print Format(123.458,"0.00")　　　'输出结果为 123.46

Print Format(123.458,"0000.00")　　　'输出结果为 0123.46

"#"：显示一位数字，若此位置没有数字（即实际数字位数小于格式位数），则不显示；若实际数字位数大于格式位数，则整数部分按实际数值显示，小数部分四舍五入。例如：

Print Format(123.458,"####.####")　　　'输出结果为 123.458

Print Format(123.458,"#.##")　　　'输出结果为 123.46

Print Format(123.458,"####.##")　　　'输出结果为 123.46

"%"：数值乘以100，加百分号。例如

Print Format(0.125,"0.00%")　　　'输出结果为 12.50%

","：添加千分位分隔符。例如：

Print Format(12345.569,"#,###.##")　　　'输出结果为 12,345.57

（2）常用的字符串格式

"<"：将所有大写字母转换成小写字母。例如

Print Format("ABCD","<")　　　'输出结果为"abcd"

">"：将所有小写字母转换城大写字母，例如

Print Format("abcd",">")　　　'输出结果为"ABCD"

"@"：若实际字符数小于格式字符个数，则前加空格，例如

Print Format("abcd","@@@@@@")　　　'输出结果为"abcd"

（3）常用的日期时间格式

"mm-dd-yyyy"：月-日-年形式，其中月和日各占2位，年占4位。例如

Print Format(Date,"mm-dd-yyyy")　　　'输出结果为 03-08-2016

"yy-m-d"：年-月-日形式，其中月和日根据需要最多各占2位，年占2位。例如

Print Format(Date,"yy-m-d")　　　'输出结果为 16-3-8

"hh:mm:ss"：时：分：秒形式，时分秒各占2位。例如

Print Format(Time,"hh:mm:ss")　　　'输出结果为 16:03:18

"h:m:s"：时：分：秒形式，时分秒根据需要最多各占2位。例如

Print Format(Time,"h:m:s")　　　'输出结果为 16:3:18

6. InputBox 函数

输入数据除了使用文本框外，也可以使用输入框（InputBox）。使用输入框函数可以弹出一个对话框，作为输入数据的界面，等待用户输入数据。一般形式为：

InputBox(提示信息[,标题][,缺省值][,Xpos][,Ypos])

【说明】

（1）提示信息不能省略，是一个字符串。

（2）标题是一个字符串，是对话框的标题，缺省就是工程文件名。

30

（3）默认值是一个字符串。

（4）Xpos、Ypos 是整数值，确定对话框与屏幕边界的距离，即决定输入框出现的位置。

（5）函数的返回值类型为字符串。

例如，如下语句将弹出一个如图 3-3 所示的输入框。

a%=InputBox("请输入一个正数","输入数据",10)

在图 3-3 中，"输入数据"是对话框标题，"请输入一个正数"是输入框的提示信息，提示用户输入什么样的数据，输入框中的"10"是缺省值，默认是空的。

7. MsgBox

计算结果除了可以在文本框中显示、标签上显示或在窗体上输出之外，也可以使用消息框（MsgBox），如图 3-4 所示。

图 3-3　输入框示例　　　　　　　图 3-4　消息框示例

消息框有函数和过程两种形式。

函数形式：

变量[%]=MsgBox(提示[,按钮][,标题])

过程形式：

MsgBox 提示[,按钮][,标题]

在图 3-4 中，"密码错误"为提示信息，就是消息框所要传达的消息；"错误提示"是消息框的标题，默认标题是工程文件的名称；消息框按钮的数目、含义及图标类型由整型表达式值决定，其具体设置见表 3-9。

表 3-9　消息框的按钮和图标类型

分　组	VB 内部常数	按钮值	描　述
按钮数目	vbOKOnly	0	只显示 OK 按钮
	vbOKCancel	1	显示 OK，Cancel 按钮
	vbAbortRetryIgnore	2	显示 Abort、Retry、Ignore 按钮
	vbYesNoCancel	3	显示 Yes、No、Cancel 按钮
	vbYesNo	4	显示 Yes、No 按钮
	vbRetryCancel	5	显示 Retry、Cancel 按钮
图标类型	vbCritical	16	显示关键信息图标
	vbQuestion	32	显示询问信息图标
	vbExclamation	48	显示警告信息图标
	vbInformation	64	显示信息图标

例如，弹出图 3-4 所示的消息框，可以选择下面两种形式，不管哪种形式，按钮的类型都可以使用 VB 内部常数和数值两种形式。

函数形式：

n% = MsgBox("密码错误",vbAbortRetryIgnore+vbCritical,"错误提示")

过程形式:

MsgBox "密码错误",18,"错误提示"

如果需要根据用户选择的按钮决定是否进行其他的操作,就需要选择 MsgBox 的函数形式,根据函数值判断单击了哪个按钮,函数值和按钮之间的对应关系见表3-10。

如果不关心用户单击了哪个按钮,只是单纯地给用户提供提示信息,就选择 MsgBox 的过程形式。

表 3-10 消息框函数返回值对应的按钮类型

返回值	VB 内部常数	按钮类型	返回值	VB 内部常数	按钮类型
1	vbOK	OK(确定)	5	vbIgnore	Ignore(忽略)
2	vbCancel	Cancel(取消)	6	vbYes	Yes(是)
3	vbAbort	Abort(停止)	7	vbNo	No(否)
4	vbRetry	Retry(重试)			

【例 3-4】 编写程序,对例 3-3 中输入的学号进行合法性检查。要求学号必须是 12 位,且必须为数字,否则给出相应的提示信息,如图 3-5 所示。

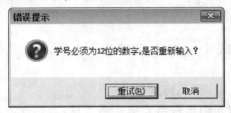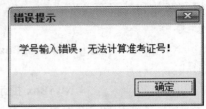

图 3-5 学号合法性检查

【分析】 文本框中输入的学号的位数可以使用 Len 函数进行判断,是否为数字可以使用 IsNumeric 函数进行判断。如果学号非法,则弹出一个消息框请用户选择是否重新输入学号,如果用户选择"重试",则清除文本框中输入的数据,将焦点移动到文本框 1 中;如果用户选择"取消",则提供用户"学号输入错误,无法计算准考证号!"。代码可以写到文本框的 LostFocus 事件中。

```
Private Sub Text1_LostFocus( )
    Dim xh$ ,i%
    xh = Text1. Text
    '学号的长度不是 12 位或者学号中存在非数字字符
    If Len(xh) <> 12 Or IsNumeric(xh) = False Then
        ' 利用 msgbox 函数弹出消息框
        i = MsgBox("学号必须为 12 位的数字,是否重新输入?",37,"错误提示")
        If i = 4 Then              '用户按下重试按钮
            Text1. Text = ""            ' 清空 text1 中的内容
            Text1. SetFocus              '将光标移回 text1 中
        Else
            ' 利用 msgbox 过程弹出消息框
```

32

```
        MsgBox "学号输入错误,无法计算准考证号!",,"错误提示"
      End If
    End If
  End Sub。
```

小结

本章重点介绍了 VB 的语言基础,包括数据类型、运算符、表达式和常用内部函数。显式声明变量类型时可以使用关键字也可以使用类型符,未经声明的变量都是变体类型。选择数据类型时主要考虑数据类型的取值范围和可以参加的运算。目前介绍了算术运算符、字符串运算符、关系运算符和逻辑运算符,使用时要注意运算符的优先级,在一个表达式中的优先级由高到低为:函数运算符–算术运算符–关系运算符–逻辑运算符。在算术表达式中,如果不同数据类型的操作数混合运算,则 VB 规定运算结果采用精度高的数据类型,即:Integer<Long<Single<Double<Currency。

习题

3−1 下列哪些是 VB 的合法变量名?

A#A 、4A 、? xy、constA 、X23、A_ B_ C、Let、Da12t

3−2 把下列算术表达式写成 VB 表达式

(1) $a^2+2ab+b^2+\sin25°-e^{\ln5}$

(2) $e^{-2x}+\sin36°+\sqrt{1+x^2}$

3−3 根据条件写出相应的 VB 表达式

(1) x 是 5 或 3 的倍数

(2) a 是偶数

(3) $-1<x<1$

(4) x 和 y 都小于 z

(5) 产生 10 到 20 间的随机整数

(6) 产生"C"到"F"间的一个大写字母

(7) 取字符串 S 中从第 3 个字符开始的 4 个字符

(8) 去掉字符串的最后两个字符

3−4 函数 Len(Str(Val("123.4"))) 的值是多少?

3−5 从身份证号中提取生日。

身份证号按 18 位处理,会用 If 语句可以区分一下身份证号的位数,如果是 15 位的身份证号,提取 6 位的出生年月日,如果是 18 位的身份证,提取 8 位的出生日期。进一步可以任意提取出生年份、月份、日期以及计算一下对应的年龄。

【提示】判断身份证号的位数可以使用求字符串长度的函数 Len;Year(Date) 可表示当前年份,年龄=当前年份−出生年份。

第4章 程序控制结构

计算机的所有操作都是按照人们预先编制好的程序进行的。所谓程序，简单来说就是一系列指令的有序组合，计算通过运行该组指令，达到预期的目的。

4.1 算法简介

4.1.1 算法的概念

使用计算机解决问题之前，必须告诉计算机解决问题的方案以及方案中的每个详细步骤，使计算机按照事先设计好的顺序去自动执行，这种解题方案的描述就是算法。算法是由若干条指令组成的有穷集合。

历史上最早的算法之一就是欧几里得算法，也称辗转相除法，是描述求两个整数的最大公约数的算法。三国时期的数学家刘徽给出了求圆周率的算法——割圆术，是中国古代算法的代表。

【例4-1】 利用欧几里得算法，求两个正整数 m 和 n 的最大公约数。

欧几里得算法：

输入：正整数 m、n

m	n	r
25	15	10
15	10	5
10	5	0

图4-1 辗转相除法

输出：m、n 的最大公约数

（1）r=m mod n。

（2）若 r=0，则 n 即为最大公约数。

（3）若 r 不为 0，则令除数作为被除数，余数作为除数，转到第（1）步继续执行。

依据以上算法，若 m=25，n=15，则经过若干步运算，如图4-1所示，最终求得最大公约数为5。

4.1.2 算法的性质

并不是每一个解题方案都可以称为计算机的算法，计算机算法必须具备以下重要的条件。

（1）有穷性：一个算法必须在制定有穷步之后终止，即必须在有限的时间内完成。

（2）确定性：算法的每一步必须是确定的，不允许有模棱两可的解释，不允许有二义性。

（3）有效性：算法中的每一步操作必须是可执行的。

（4）输入：一个算法有 0 个或多个输入。

（5）输出：一个算法有一个或多个输出。

4.1.3 算法的描述

描述算法可以有多种方式，如自然语言、流程图、N-S 图和伪代码等。在本书中，这里重点介绍用流程图来描述算法。

流程图是描述算法过程的一种图形方法，具有直观、形象、易于理解等特点。美国国家标准化协会规定了流程图描述法的常用图形符号，如表 4-1 所示。

表 4-1　流程图中常见图形符号

图形符号	名　称	含　义
⬭	起止框	表示一个算法的开始与结束
▱	数据框	框中指出输入或输出的数据内容
▭	处理框	框中指出所要进行的处理
◇	判断框	框中指出判断条件，框外连接两条流程线，指明条件成立和条件不成立时算法的处理流向
→	流程线	表示程序的处理流向

欧几里得算法的流程图如图 4-2 所示。

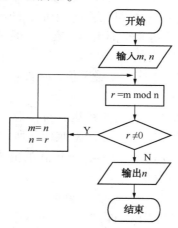

图 4-2　辗转相除法流程图

4.2　顺序结构

VB 虽然提供了面向对象程序设计的功能，采用事件驱动方式执行过程代码，但是对于事件过程的具体实现，仍然要用到结构化程序设计的方法。结构化程序设计包含三种基本结构：顺序结构、选择结构和循环结构。在程序设计中经常将这 3 种结构相互结合以实现各种算法。

顺序结构是一种最简单的程序结构，其特点是按语句出现的先后次序从上到下依次执行。VB 语言中，顺序结构的语句主要是赋值语句、输入/输出语句等。

4.2.1　赋值语句

赋值语句是任何程序设计中最基本的语句。赋值语句的形式如下：

变量名=表达式　　　或　　　对象的属性=表达式

例如：x=Text1.Text

　　　　Text1.Text="欢迎使用 VB6.0"

作用：先计算右边表达式的值，然后将值赋给左边的变量或对象的属性。

注意：

(1) 赋值号兼有赋值和计算的功能，例如 x=x+1 是合法的，功能是将 x+1 的值赋给变量 x。

(2) 当表达式的类型和变量的类型不同时，系统会进行强制转换。例如：

x%=1.5　　　　　'x 为整型变量，1.5 四舍五入赋给 x，x 中存放的值为 2

x%="12"　　　　 'x 的值为 12，与 x%=val("12")效果相同

x%="12a"　　　　'出现"类型不匹配"的错误

当逻辑型赋值给数值型时，True 转换为-1，False 转换为 0。反之，当数值型赋值给逻辑型时，非 0 转换为 True，0 转换为 False。任何非字符型赋给字符型变量，会自动转换为字符型。

(3) 赋值号是有方向的，不同于数学意义上的等号，赋值语句 a=b 和 b=a 是完全不同的；且赋值号左边只能是变量，不能是系统常量、符号常量或表达式。

(4) 变量可以多次赋值，但某一时刻只能有一个值，即最后一次赋的值。

(5) 赋值号与判断相等的关系运算符都用"="表示，系统会自动将条件表达式中出现的等号认为是关系运算符；否则是赋值号。

(6) 在一条赋值语句中，同时给多个变量赋值，例如：

x%=y%=z%=1

VB 在编译时，会将右边两个"="作为关系运算符，最左边的"="作为赋值号处理。执行语句时，先计算 y%=z%的值，由于 y，z 均未赋值，所以均为缺省值 0，表达式的值为 True，接着进行 True=1 的比较，True 转为-1，表达式的值为 False。最后将 False 转换为 0 赋给 x，所以最终 x、y、z 的值均为 0。

4.2.2　输入/输出语句

目前已学过的输入方式主要有以下几种：

(1) 通过文本框输入数据，例如：

x=Text1.Text　　　'将文本框输入的数据存放到变量 x 中

(2) 通过 InputBox 输入数据，例如：

x=Val(InputBox("请输入一个正整数"))　　　'将输入框输入的数据存放到变量 x 中

(3) 通过产生随机数输入数据，例如：

x=Int(Rnd*90+10)　　　'产生一个[10，99]之间的随机数，存放到变量 x 中

目前已学过的输出方式主要有以下几种：

(1) 将数据输出到文本框或标签中，例如：

Text1.Text=x　　　'将 x 的值输出到 Text1 中

Label1.Caption=x　　　'将 x 的值输出到 Label1 中

(2) 利用 Print 方法进行数据输出，例如：

Print x　　　'将 x 的值输出到窗体上

(3) 利用 MsgBox 消息框进行输出，例如：

MsgBox x　　　'将 x 的值输出到消息框中

4.3 选择结构

在日常生活和工作中，常常需要根据给定的条件进行分析、比较和判断，并根据判断结果采取不同的操作。例如，计算一元二次方程 $ax^2+bx+c=0$（$a \neq 0$，且 a，b，c 是常数）的根时，当 $b^2-4ac>0$ 时有两个不同的实根；当 $b^2-4ac=0$ 时有两个相同的实根；当 $b^2-4ac<0$ 时有两个共轭复根。在 VB 中，要解决类似这样的问题，就必须用选择结构。

VB 中实现选择结构可以使用两种语句，If 语句和 Select Case 语句。

4.3.1 If 语句

If 语句分单分支、双分支和多分支 3 种形式，按照 Then 后是否换行又可分为单行结构和块结构。

1. 单分支结构

单分支结构 If 语句的两种形式：

块结构形式：

If <条件> **Then**

  <语句块>

End If

单行结构形式：

If <条件> **Then** <语句块>

执行过程为：如果<条件>成立，则执行<语句块>，否则不做任何操作。

这里的<条件>通常是关系表达式或者逻辑表达式，但也可以是数值表达式（非 0 为真，0 为假）和字符串表达式（非空为真，空为假）。

一般形式中的<语句块>中可以有多条语句，如果多条语句写在一行上各语句之间需用冒号隔开。

例如，如果 x 是负数，则输出 x 的绝对值可以描述为：

If x < 0 Then

  Print Abs(x)

End If

或

If x < 0 Then Print Abs(x)

2. 双分支结构

双分支结构 If 语句也有两种形式：

块结构形式：

If <条件> **Then**

  <语句块 1>

Else

  <语句块 2>

End If

单行结构形式

If <条件> **Then** <语句块 1> **Else** <语句块 2>

执行过程为：如果<条件>成立，则执行<语句块 1>，否则执行<语句块 2>。

【例 4-2】 已知两个数 x 和 y，设计程序，求两数的最大值。

选择命令按钮的单击事件，事件代码如下：

```
Private Sub Command1_Click( )
    Dim x As Single,y As Single,max As Single
    x = Val( Text1. Text)
    y = Val( Text2. Text)
    If x > y Then
        max = x
    Else
        max = y
    End If
    Text3. Text = "最大值为" & max
End Sub
```

3. 多分支结构

多分支结构的一般形式：

If　＜条件 1＞　Then
　　＜语句块 1＞
ElseIf　＜条件 2＞　Then
　　＜语句块 2＞
…
［Else
　　＜语句块 n+1＞］
End If

多分支 If 语句的执行过程如图 4-3 所示。首先求解条件 1，如果条件 1 的值为 True（非零），则执行语句块 1；否则如果条件 2 成立，则执行语句块 2，依此类推。如果条件 1 到条件 n 都不成立，则执行 Else 部分的语句块 n+1。多分支结构中不管哪个语句块被执行到，整个的 If 语句都结束，即在多分支的条件语句中，有且仅有一个分支能被执行到。

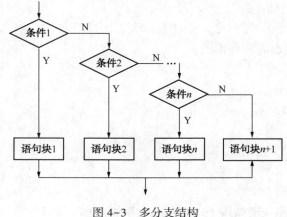

图 4-3　多分支结构

【例4-3】 求下列三分段函数，利用输入框函数输入 x 值，单击窗体后，在窗体上输出对应的 y 值。

$$y = \begin{cases} \sqrt{x-4} & (x>4) \\ |x+1| & (x<-5) \\ x+23 & (其他) \end{cases}$$

```
Private Sub Form_Click( )
    Dim x!,y!
    x = InputBox( "input x" )
    If x > 4 Then
        y = Sqr( x-4 )
    ElseIf x <-5 Then
        y = Abs( x+1 )
    Else
        y = x+23
    End If
    Print x,y
End Sub
```

4. If 语句的嵌套

所谓 If 语句的嵌套是指 If 语句的语句块中又完整地包含另一个 If 语句。

【例4-4】 输入学生的考试成绩，评定其等级。评定标准为：90-100 分为"优秀"，80-89 分为"良好"，70-79 分为"中等"，60-69 分为"及格"，60 分以下为不及格。界面如图 4-4 所示。如果输入的成绩大于 100 或小于 0，则在消息框中提示用户"成绩应该在 0-100 之间！"。

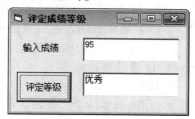

图 4-4 评定成绩等级

```
Private Sub Command1_Click( )
    Dim x As Integer
    x = Val( Text1. Text )
    If x < 0 Or x > 100 Then
        MsgBox "成绩应该在 0-100 之间！",,"提示"
    Else
        If x >=90 Then
            Text2. Text = "优秀"
        ElseIf x >=80 Then
            Text2. Text = " 良好"
        ElseIf x >=70 Then
            Text2. Text = " 中等"
        ElseIf x >=60 Then
            Text2. Text = " 及格"
        Else
```

39

```
                    Text2. Text = "不及格"
              End If
        End If
End Sub
```

4.3.2　Select Case 语句

多分支的情况下，也可以使用情况选择语句 Select Case 实现。

1. Select Case 语句的一般形式

> **Select Case** <测试表达式>
>> **Case** <表达式列表 1>
>>> <语句块 1>
>> [**Case** <表达式列表 2>
>>> <语句块 2>]
>>> …
>> [**Case Else**
>>> <语句块 n>]
> **End Select**

2. 情况选择语句的执行过程

根据"测试表达式"的值，按顺序匹配 Case 后的表达式，如果匹配成功，则执行该 Case 下的语句块，如果"测试表达式"的值和所有 Case 后面的表达式都不匹配，则执行 Case Else 后面的语句，然后转到 End Select 语句之后继续执行。

3. 说明

（1）测试表达式包括数值表达式、字符串表达式或关系表达式，也可以是变量。

（2）Case 子句中的表达式列表的要求：

① 常量表达式

例如：Case 10

② 枚举表达式：表达式 1[，表达式 2]…

例如：Case 1，3，5

③ 表达式 1 To 表达式 2(较小的值放在 To 之前)

例如：Case 10 To 30

　　　Case "A" To "Z"

④ Is　<关系运算符>　<表达式>

例如：Case Is >= 10

　　　Case Is = 0，Is < 10

【注意】　表达式列表的类型应与测试表达式的类型一致，且多种形式可以混用，例如：
Case　Is <-5，0，5 To 100

（3）表达式列表中不允许出现变量。如果同一域值的范围在多个 Case 子句中出现，则只执行第一个符合要求的 Case 子句后面的语句块，这时 Case 子句的顺序对执行结果有影响。编程时，一般使各个 Case 子句是"互斥"的，即只有一个子句满足要求。

（4）Select Case 语句可以用 If 语句代替，反之则不然。

【例 4-5】　从键盘输入一个字符，判断输入的是数字字符、字母字符还是其他字符，并在窗体上输出判断结果。

```
Private Sub Command1_Click( )
    Dim strC As String * 1
    strC = InputBox("请输入一个字符")
    Select Case strC
        Case "0" To "9"
            Print strC & "是数字字符"
        Case "a" To "z","A" To "Z"
            Print strC & "是字母字符"
        Case Else
            Print strC & "是其他字符"
    End Select
End Sub
```

4.3.3 IIF 函数

IIF 函数的一般形式：

IIf(<条件表达式>，<真部分>，<假部分>)

【说明】

（1）<条件表达式>可以是关系表达式、逻辑表达式、数值表达式（0 为 False，非 0 为 True）等。

（2）<真部分>为当条件表达式为真时函数返回的值，可以是任何表达式。

（3）<假部分>为当条件表达式为假时函数返回的值，可以是任何表达式。

（4）语句

y = IIf(<条件表达式>，<真部分>，<假部分>)

相当于一个双分支的 If 语句

If <条件表达式> Then y = <真部分> Else y = <假部分>

【例 4-6】 使用 IIf 函数，求两数的最大值。

```
Private Sub Command1_Click( )
    Dim x%,y%,max%
    x = Val(Text1.Text)
    y = Val(Text2.Text)
    max = IIf(x > y,x,y)
    Text3.Text = max
End Sub
```

4.3.4 综合案例——猜数游戏

1. 案例效果

编写一个猜数游戏，效果如图 4-5 所示。单击"产生随机数"按钮，随机产生一个 10-99 之间的随机整数，具体数字以"*"显示在文本框 1 中。然后用户在文本框 2 中输入自己所猜的整数，单击"确定"按钮，根据情况，弹出消息框提示是大了、小了，还是猜对了，并在文本框 3 中显示猜数次数。

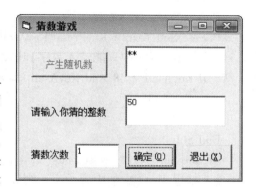

图 4-5 猜数游戏

41

```
    Dim n%, k%
Private Sub Command1_ Click( )
    Randomize
    n = Int( Rnd * 90+10)
    Text1. Text = n
    Text3. Text = 0
    Text2. SetFocus
    Command1. Enabled = False
    Command2. Enabled = True
End Sub
Private Sub Command2_ Click( )
    Dim m%
    k = k+1        'k 记录猜数的次数
    Text3. Text = k
    m = Val( Text2. Text)
    If m > n Then
        MsgBox "你猜的数太大了，继续努力呀!",,"提示"
    ElseIf m < n Then
        MsgBox "你猜的数太小了，继续努力呀!",,"提示"
    Else
        MsgBox "恭喜你，猜对了! 这个数字就是" & Text1. Text, vbInformation,"提示"
        Text1. Text = " "
        Text2. Text = " "
        Text3. Text = " "
        Command1. Enabled = True
        Command2. Enabled = False
    End If
End Sub
Private Sub Command3_ Click( )
    End
End Sub
Private Sub Text2_ KeyPress( KeyAscii As Integer)
    ' 限定 Text2 中只能输入数字和退格键
    If KeyAscii < 48 And KeyAscii <> 8 Or KeyAscii > 57 Then
        KeyAscii = 0
    End If
End Sub
Private Sub Text2_ LostFocus( )
    ' 如果 Text2 中的内容为空，则提示用户输入数据
    If Text2. Text = " " Then
```

```
        MsgBox "请输入你猜的数!",,"提示"
        Text2. SetFocus
    End If
End Sub
```

4.4　循环结构

在实际应用中，经常会遇到一些操作并不复杂，但需要反复处理的问题，诸如迭代法求方程的根，根据精度计算多项式的近似值等。对于这类问题，可以使用循环结构来处理。循环结构非常适合于解决处理的过程相同、处理的数据相关，但处理的具体值不同的问题。我们把能够处理这类问题的语句称为循环语句。

VB 提供了三种不同风格的循环语句，它们分别是 For-Next 语句、While-Wend 语句和Do-Loop 语句。

4.4.1　For...Next 语句

For...Next 语句(以下简称为 For 语句)是计数型循环语句，常常用于解决循环次数已知的问题。

1. For 循环语句的一般形式

For 循环变量=初值 to 终值 [Step 步长]
　　语句块
　　[Exit For]
　　[语句块]
Next 循环变量

【说明】

① 循环变量称为循环控制变量，必须为数值型。

② 初值和终值都是数值型，可以是数值表达式。

③ 步长是循环变量的增量，是一个数值表达式。一般来说，其值为正(递增循环)，初值应小于等于终值，若为负(递减循环)，初值应大于等于终值，否则无法进入循环执行循环体中的语句。且步长一般不能为 0，否则容易形成死循环。如果步长是 1，Step 1 可略去不写。

④ 循环体为 For 语句行和 Next 语句行之间的语句序列。

⑤ Next 后面的循环变量与 For 语句行中的循环变量必须相同。

2. For 语句的执行过程

For 语句的执行过程如图 4-6 所示，具体为：

① 系统将初值赋给循环变量，并自动记下终值和步长。

② 检查循环变量的值是否超过终值。如果超过就结束循环，执行 Next 后面的语句；否则，执行循环体。

③ 执行 Next 语句，将循环变量增加一个步长值再赋给循环变量，转到②继续执行。

3. For 语句的循环次数

For...Next 语句遵循"先检查，后执行"的原则，即先检查循环变量是否超过终值，这里所说的"超过"有两种含义，即大于或小于。当步长为正值时，循环变量大于终值为"超过"；当步长为负值时，循环变量小于终值为"超过"。然后决定是否执行循环体。

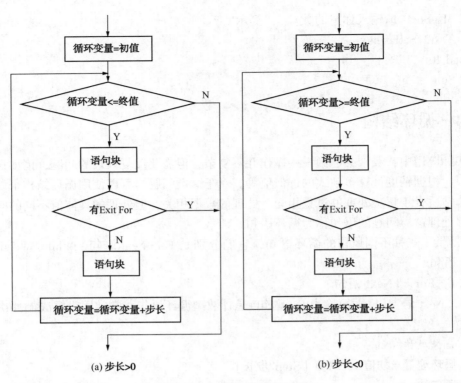

(a) 步长>0   (b) 步长<0

图4-6 For语句的执行过程

循环次数由初值、终值和步长确定，计算公式为：

$$循环次数 = Int((终值-初值)/步长)+1$$

【例4-7】 用 For…Next 语句求 1+2+3+…+100 的值。

【分析】 使用变量 s 存放和，则依次执行 s=s+1；s=s+2；…；s=s+100 即可计算出这100 个数的和，这里将上述语句抽象为 s=s+i，i 依次取 1，2，…，100，所以程序为：

```
Private Sub Command1_Click( )
    Dim s As Integer,i As Integer
    s=0
    For i=1 To 100
        s=s+i
    Next i
    Print s
End Sub
```

扩展：

（1）计算 1 到 100 的奇数和。

计算 1 到 100 的奇数和，只需要将上述程序中的步长设置为 2，其余不变，即：

For i=1 To 100 Step 2

（2）计算 1 到 100 的偶数和。

计算 1 到 100 的偶数和，只需要将上述程序中的步长设置为 2，且初值设置为 2，其余不变，即

For i=2 To 100 Step 2

（3）计算 1 到 100 之间能被 3 整除或能被 5 整除的自然数的和。

计算 1 到 100 的和是对于每个 i 直接进行累加，而此处在累加之前需要先对 i 进行判断，满足条件才能累加，其余不变，即：

For i=1 To 100
  If i Mod 3=0 Or i Mod 5=0 Then s=s+i
Next i

【例 4-8】 用 For…Next 语句求 10!。

【分析】 10!=1×2×3……×10，这里用 t 来存放阶乘，则只需要将 t 的初值设置为 1，并依次计算 t=t*1：t=t*2……t=t*10 即可，将上述语句抽象为 t=t*i，i 依次取 1、2……10，则程序为：

```
Private Sub Command1_Click( )
    Dim t As Long,i As Integer
    t=1
    For i=1 To 10
        t=t*i
    Next i
    Print t
End Sub
```

扩展：计算 1! +2! +3! +……+10!

在上述程序中循环体 t=t*i 后增加一句 Print t，会发现依次输出 1、2、6、24、120……，而它们恰好为 1!、2!……10!，所以计算 1 到 10 的阶乘和，只需在循环体中增加一条累加求和的语句。

```
Private Sub Command1_Click( )
    Dim t As Long,i As Integer,s As Long
    t=1
    s=0
    For i=1 To 10
        t=t*i
        s=s+t
    Next i
    Print s
End Sub
```

4.4.2 While...Wend 语句

For…Next 语句适合于解决循环次数事先能够确定的问题。对于只知道控制条件，但不能预先确定需要执行多少次循环体的情况，可以使用 While…Wend 语句（以下简称为 While 语句）。

1. While 语句的一般形式

    While   <条件>
        <语句块>
    Wend

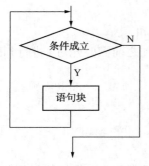

图 4-7　While 语句的执行过程

【说明】

一般形式中的"条件"常用关系表达式或逻辑表达式，但也可以是其他任意类型的表达式，使用数值型表达式时非零为真，零为假。While…Wend 循环就是当给定的"条件"为 True 时，执行循环体，为 False 时结束循环。因此 While…Wend 循环也叫"当型"循环。

2. While 语句的执行过程

While 语句的执行过程如图 4-7 所示，具体为：

① 执行 While 行，判断条件是否成立。

② 如果条件成立，就执行循环体；否则，转到④执行。

③ 执行完循环体后，执行 Wend，转到①执行。

④ 执行 Wend 下面的语句。

例如有下面的程序段：

```
x = 1
While x<5
   Print x,
   x = x+1
Wend
```

该程序段的执行结果是：

1　　　　2　　　　3　　　　4

3. While 语句的几点说明

① While 语句本身不能修改循环条件，所以必须在 While…Wend 语句的循环体内设置相应语句，使得整个循环趋于结束，以避免死循环。

② While 语句先对条件进行判断，然后才决定是否执行循环体。如果开始条件就不成立，则循环体一次也不执行。

③ 凡是用 For…Next 循环编写的程序，都可以用 While…Wend 语句实现。

【例 4-9】　输入一批数，以 0 作为终止标记，统计其中负数的个数。

【分析】　假设 x 存放输入的数，则不断重复的操作就是输入数、判断并计数，由于以 0 为终止标记，所以重复的条件就是 x<>0。

```
Private Sub Command1_Click( )
   Dim x%,n%
   n = 0
   x = InputBox("请输入一个整数")
   While x <> 0
      If x < 0 Then n = n+1
      x = InputBox("请输入一个整数")
   Wend
   Print n
End Sub
```

4.4.3　Do…Loop 语句

Do…Loop 循环语句（以下简称为 Do 语句）也是根据条件决定是否循环的语句，与

While 语句相比，Do 语句具有更强的灵活性，既可以指定循环条件，也可以指定循环终止的条件；既可以选择先判断条件后执行循环体，也可以选择先执行循环体后判断条件是否满足；此外，Do 循环还可以根据需要提前结束循环。Do 语句有两种格式。

（1）

    Do［**While**｜**Until** <条件>］

        <语句块>

        ［**Exit Do**］

    Loop

（2）

    Do

        <语句块>

        ［**Exit Do**］

    Loop［**While**｜**Until** <条件>］

【说明】

① <条件>是条件表达式，其值为 True 或 False。While 后面的<条件>是循环条件，即当条件为真时执行循环体；Until 后面的<条件>是循环终止的条件，即条件为真时终止循环。

② <语句块>是一条或多条重复执行的语句，使用 Exit Do 可以退出循环。

③ 形式（1）为先判断条件后执行循环体，有可能循环体一次也不执行。形式（2）为先执行后判断，循环体至少执行一次。

④ 解决同样的问题时，使用 While 和 Until 的条件表达式写法正好是相反的。

【例 4-10】 利用辗转相除法求两个正整数 m 和 n 的最大公约数和最小公倍数。

【分析】 辗转相除法求最大公约数的算法可参照【例 4-1】，流程图可参照图 4-2。两个数的最小公倍数为这两数的乘积除以最大公约数。由于辗转相除的过程中 m，n 的值在不断发生变化，所以在辗转相除之前需将 m，n 的值存放到其他变量（例如 a，b）中，以便在求最小公倍数和输出时使用。

```
Private Sub Form_Click( )
    Dim m%,n%,r%,a%,b%
    m = Val( InputBox( "请输入整数 m 的值") )
    n = Val( InputBox( "请输入整数 n 的值") )
    a = m
    b = n
    r = m Mod n
    Do While r < > 0
        m = n
        n = r
        r = m Mod n
    Loop
    Print a & "," & b & "的最大公约数为" & n
    Print a & "," & b & "的最小公倍数为" & a * b/n
End Sub
```

4.4.4　循环的嵌套

在一个循环体内又包含了一个完整的循环，这样的结构称为多重循环或循环的嵌套。在程序设计时，许多问题要用二重或多重循环才能解决。我们前面学过的 For 循环、While 循环、Do 循环都可以互相嵌套，如在 For...Next 的循环体中可以使用 While 循环，而在 While...Wend 的循环体中也可以出现 For 循环等。

二重循环的执行过程是外循环每执行一次，内循环都重新执行一遍，在内循环结束后，再进行下一次外循环，如此反复，直到外循环结束。

对于循环的嵌套，要注意以下事项：

（1）内循环变量与外循环变量不能同名。

（2）外循环必须完全包含内循环，不能交叉。

【例 4-11】在窗体上打印输出九九乘法表，如图 4-8 所示。

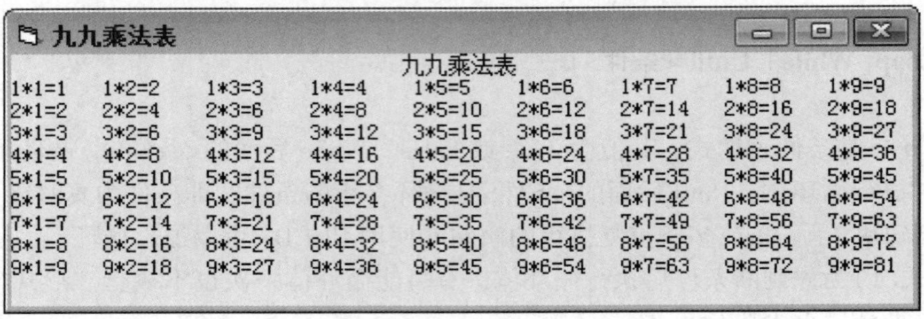

图 4-8　九九乘法表

【分析】　假设用 i 代表行，j 代表列，则对于第 i 行(i = 1…9)而言，需要做两件事：①在一行输出各列的表达式；②换行。在第 i 行上输出各列的表达式，可以使用 For 循环：

```
For j = 1 To 9
    Print i & " * " & j & " =" & i * j;
Next j
```

由于需要输出 9 行，也就是上面的 For 循环需要执行 9 次，所以将上述 For 循环作为循环体，外加一层循环，控制输出的行数即可。为了使九九乘法表输出的比较整齐，可以用 Tab 函数控制每列表达式的输出位置。所以，具体程序为：

```
Private Sub Form_Click( )
    Dim i%,j%
    Print Tab(35);"九九乘法表"
    For i = 1 To 9
      For j = 1 To 9
        Print Tab((j-1) * 9);i & " * " & j & " =" & i * j;
      Next j
      Print
    Next i
End Sub
```

扩展：

打印输出如图 4-9 所示的九九乘法表。

48

图 4-9 所示的九九乘法表中第 1 行打印第 1 列的表达式，第 2 行打印第 1、2 列的表达式……第 9 行打印第 1 列到第 9 列的表达式，所以第 i 行(i=1…9)打印第 1 列到第 i 列的表达式，即只需将上面程序中控制每行输出多少个表达式的 For j=1 To 9 改为 For j=1 To i 即可。

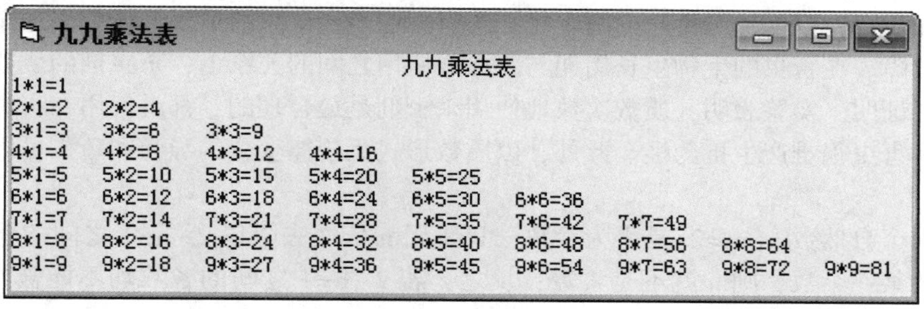

图 4-9　九九乘法表

4.4.5　常用算法

算法是对某个问题求解过程的描述，是程序的核心。程序是用计算机语言描述的算法，流程图是图形化了的算法。

1. 累加、累乘

在循环结构中，最常用的算法是累加和累乘。累加是在原有和的基础上再加一个数，一次次地重复该操作；累乘则是在原有积的基础上再乘以一个数，并不断重复该操作。

【例 4-12】　用下面的多项式求自然对数 e 的近似值，要求误差要小于 10^{-5}。

$$e^x = 1 + \frac{x}{1!} + \frac{x^2}{2!} + \frac{x^3}{3!} + \cdots$$

【分析】　该题需要先求 i!，再求 x^i/i!，进行累加。由于题目要求误差小于 10^{-5}，所以是否循环是由 x^i/i! 是否小于 1e-5 这个条件决定的，适合用 Do 循环语句。

```
Private Sub Form_Click( )
    Dim i%,t!,e!,x%,n!
    x = InputBox("请输入 x 的值")
    e = 0
    t = 1
    i = 0
    n = 1
    Do While t >= 0.00001
        e = e+t
        i = i+1
        n = n * i
        t = x ^ i/n
    Loop
    Print "e 的" & x & "次方的值为" & e
End Sub
```

2. 素数

素数，又称质数，是只能被 1 和自己整除的自然数。比 1 大但不是素数的自然数称为合数，1 既非素数也非合数。素数在现实生活中有很多应用，在密码学上，会在对要传递的信息进行编码时加入质数，编码后再传送给收信人，任何人收到此信息后，若没有此收信人所拥有的密钥，则解密的过程中（实为寻找素数的过程）将会因为找素数的过程（分解质因数）过久，使即使取得信息也会无意义。在汽车变速箱齿轮的设计上，相邻的两个大小齿轮齿数最好设计成质数，以增加两齿轮内两个相同的齿相遇啮合次数的最小公倍数，从而增强耐用度，减少故障。在害虫的生物生长周期与杀虫剂使用之间的关系上，杀虫剂的质数次数的使用也得到了证明。实验表明，质数次数地使用杀虫剂是最合理的：都是使用在害虫繁殖的高潮期，而且害虫很难产生抗药性。此外，以质数形式无规律变化的导弹和鱼雷可以使敌人不易拦截。

　　判断一个自然数 n（n≥2）是否为素数，只要用 n 依次去除以 2~n-1 之间的整数，若能整除其中的某一个数，则 n 就不是素数；反之，若 2~n-1 之间的各数均不能被整除，则 n 为素数。在此，增加一个变量 flag 来记录 n 是否为素数，在判定前，将 flag 的值设置为 1，如果 n 能整除 2~n-1 之间的某个数，则 flag 赋值为 0。如果所有的数都除过之后，flag 的值仍为 1，则表示 2~n-1 之间的数全部都无法被 n 整除，n 为素数；否则 n 不是素数。具体程序为：

```
Private Sub Form_Click( )
    Dim n%,i%,flag%
    n=InputBox("请输入一个大于 1 的正整数")
    flag=1
    For i=2 To n-1
        If n Mod i=0 Then flag=0
    Next i
    If flag=1 Then
        Print n;"是素数"
    Else
        Print n;"不是素数"
    End If
End Sub
```

　　事实上，判定 n 是否为素数，只需要判定 2~n/2 或 2~$\sqrt{n}$ 之间的数能否被 n 整除即可。所以上述程序中的 n-1 处，可以写成 n/2 或 Int(Sqr(n))。此外，事实上只要找到一个数能整除 n，即可说明 n 不是素数，其余的数就无需再进行整除了，可立刻跳出循环。最终根据循环变量的值和循环终值的关系（即是正常结束循环还是中途退出循环）来判断 n 是否为素数。具体程序为：

```
Private Sub Form_Click( )
    Dim n%,i%,flag%
    n=InputBox("请输入一个大于 1 的正整数")
    For i=2 To n-1
        If n Mod i=0 Then Exit For
    Next i
    If i >=n Then        ' 正常结束循环
        Print n;"是素数"
```

```
        Else
            Print n;"不是素数"
        End If
    End Sub
```

【例 4-13】　在窗体上输出 100 以内的素数以及这些素数的和。要求素数在输出时 5 个一行。

【分析】　找出 100 以内的素数,只需要让上述程序中的 n 分别取 2 到 100 之间的各数(1 既不是素数也不是合数,所以不参与判定),而判断 n 是否为素数的程序作为循环体反复执行即可。至于 5 个素数一行,需引入一个变量,假设为 k,记录素数的个数,且输出一个素数时不换行(Print 语句的结尾处加分号或逗号),而当 k 的值为 5 的倍数时换行(Print)。

```
    Private Sub Form_Click()
        Dim n%,i%,flag%,k%,sum%
        For n=2 To 100
            For i=2 To n-1
                If n Mod i=0 Then Exit For
            Next i
            If i >=n Then
                Print n;
                sum=sum+n
                k=k+1          'k 记录素数的个数
                If k Mod 5=0 Then Print
            End If
        Next n
        Print "100 以内的素数之和为" & sum
    End Sub
```

3. 求最值

在若干个数中求最大值,如果知道这批数的范围(假设为[a,b]),则取这批数中的最小的数(下界 a)作为最大值的初值,否则取第一个数为最大值的初值。然后将每一个数依次与最大值进行比较,若该数大于最大值,则用该数替换最大值。

求最小值的方法类似,如果事先知道这批数的范围,则取其中最大的数作为最小值的初值;否则取第一个数为最小值的初值,然后各数依次与最小值进行比较,如果某个数小于最小值,则用该数替换最小值。

【例 4-14】　从键盘输入 10 个数,求这 10 个数的最大值和最小值。

```
    Private Sub Form_Click()
        Dim x%,i%,max%,min%
        x=InputBox("请输入第 1 个数")
        max=x
        min=x
        For i=2 To 10
            x=InputBox("请输入第" & i & "个数")
            If x > max Then max=x
```

```
        If x < min Then min = x
    Next i
    Print " max = "; max
    Print " min = "; min
End Sub
```

4. 递推法

递推法又称为"迭代法"，其基本思想是把一个复杂的计算过程转化为简单过程的多次重复。每次重复都从旧值推出新值，并不断由新值代替旧值。

【例 4-15】 输出斐波那契数列(1、1、2、3、5……)的前 20 项，以及这 20 项的和。

【分析】 斐波那契数列(Fibonacci sequence)，又称黄金分割数列，因数学家列昂纳多·斐波那契(Leonardoda Fibonacci)以兔子繁殖为例子而引入，故又称为"兔子数列"。斐波那契在《算盘书》中提出：一般而言，兔子在出生两个月后，就有繁殖能力，一对兔子每个月能生出一对小兔子来。如果所有兔都不死，那么一年以后可以繁殖多少对兔子？经过推算，各月的兔子分别为 1、1、2、3、5……。这个数列的特点是从第三项开始，每一项都等于前面两项之和。

```
Private Sub Form_Click( )
    Dim f1%, f2%, f3%, i%, sum%
    f1 = 1:        f2 = 1
    Print f1
    Print f2
    sum = f1 + f2
    For i = 3 To 20
        f3 = f1 + f2
        sum = sum + f3
        Print f3
        f1 = f2
        f2 = f3
    Next i
    Print " sum = "; sum
End Sub
```

5. 穷举法

穷举法也称为"枚举法"，它的基本思想是根据题目的部分条件确定答案的大致范围，并在此范围内对所有可能的情况逐一验证，直到全部情况验证完毕。若某个情况验证符合题目的全部条件，则为本问题的一个解；若全部情况验证后都不符合题目的全部条件，则本题无解。

【例 4-16】 百鸡问题。鸡翁一，值钱 5；鸡母一，值钱 3；鸡雏三，值钱 1。百钱买百鸡，问鸡翁、母、雏各几何？

【分析】 百鸡问题是公元五世纪我国数学家张丘建在其《算经》一书中提出的。假设百钱可买的鸡翁、母、雏的只数分别为 x、y、z，则根据题目，可列出如下方程。

$$x + y + z = 100$$

$$5x + 3y + z/3 = 100$$

52

根据题目可知 x 的取值范围为 0—20，y 的取值范围为 0—33，z 的取值范围为 0—100。在此，用三重循环将 x，y，z 的所有组合情况一一进行测试，看是否满足上述两个方程，满足则找到一组解。

```
Private Sub Form_Click( )
    Dim x%,y%,z%,count%
    For x=0 To 20
        For y=0 To 33
            For z=0 To 100
                If x+y+z=100 And 5*x+3*y+z/3=100 Then
                    Print x,y,z
                    count=count+1  'count 记录组合数
                End If
    Next z,y,x
    Print count
End Sub
```

事实上，只要 x，y 的值定下来，z 只需取 100-x-y，而不用依次取 0 到 100 之间的各值去验证。

```
Private Sub Form_Click( )
    Dim x%,y%,z%,count%
    For x=0 To 20
        For y=0 To 33
            z=100-x-y
            If 5*x+3*y+z/3=100 Then
                Print x,y,z
                count=count+1  'count 记录组合数
            End If
    Next y,x
    Print count
End Sub
```

在多重循环中，为了提高程序的运行速度，应注意：

（1）尽量利用题目给出的条件，减少循环的重数。

（2）将循环次数多的循环放在内循环。

（3）尽量少用变体类型的变量。

6. 数字分离

有些问题在求解过程中，需要将一个正整数的各位依次分离出来，这类问题统称"数字分离"问题。在数字分离时经常会用到整除（\）和求余（Mod）这两个运算符。整除运算经常用于去掉某些位，比如整除 10，表示去掉个位；整除 100，表示去掉个位和十位。而求余运算经常用于取出某些位，比如对 10 取余，表示取出这个数个位上的数字；对 100 取余，表示取出这个数个位和十位上的数字。

【例 4-17】 打印出所有的"水仙花数"。

【分析】 所谓"水仙花数"是指一个三位数，其各位数字立方和等于该数本身。例如：153 是一个"水仙花数"，因为 153=1*1*1+5*5*5+3*3*3。

```
Private Sub Form_Click( )
   Dim n%,i%,j%,k%
   For n = 100 To 999
      i = n\100            'i 存放 n 的百位
      j = n\10 Mod 10      'j 存放 n 的十位
      k = n Mod 10         'k 存放 n 的个位
      If n = i ^ 3+j ^ 3+k ^ 3 Then Print n
   Next n
End Sub
```

【例 4-18】 随机产生一个[10，10000]之间的正整数，输出该数是几位数，并计算该数各位数字的立方和。

```
Private Sub Form_Click( )
   Dim n%,d%,k%,s%,m%
   Randomize
   n = Int( Rnd * 9991+10)
   m = n
   k = 0
   Do While m <> 0
      d = m Mod 10
      s = s+d ^ 3
      k = k+1
      m = m\10
   Loop
   Print n & "是" & k & "位数,其各位数字的立方和为" & s
End Sub
```

7. 打印图形

打印各种图形时，需要先观察图形，找出每行的行号 i 与该行图形的输出位置、图形的个数之间的关系。在控制图形的输出位置时，往往会用到 Tab 函数或 Spc 函数。

【例 4-19】 打印如图 4-10 所示的图形。

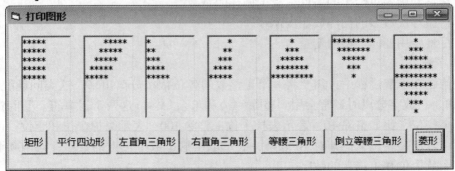

图 4-10 打印图形

54

```vb
Private Sub Command1_Click( )
  '打印矩形
  Dim i%
  For i = 1 To 5
    Picture1. Print String(5," * ")
  Next i
End Sub
Private Sub Command2_Click( )
  '打印平行四边形
  Dim i%
  For i = 1 To 5
    Picture2. Print Tab(6-i);String(5," * ")
  Next i
End Sub
Private Sub Command3_Click( )
  '打印左直角三角形
  Dim i%
  For i = 1 To 5
    Picture3. Print String(i," * ")
  Next i
End Sub
Private Sub Command4_Click( )
  '打印右直角三角形
  Dim i%
  For i = 1 To 5
    Picture4. Print Tab(6-i);String(i," * ")
  Next i
End Sub
Private Sub Command5_Click( )
  '打印等腰三角形
  Dim i%
  For i = 1 To 5
    Picture5. Print Tab(6-i);String(2 * i-1," * ")
  Next i
End Sub
Private Sub Command6_Click( )
  '打印倒立等腰三角形
  Dim i%
  For i = 1 To 5
    Picture6. Print Tab(i);String(11-2 * i," * ")
```

```
        Next i
    End Sub
    Private Sub Command7_Click( )
        ' 打印菱形
        Dim i%
        For i=1 To 5
            Picture7. Print Tab(6-i);String(2*i-1," * ")
        Next i
        For i=1 To 4
            Picture7. Print Tab(i+1);String(9-2*i," * ")
        Next i
    End Sub
```

打印图形也可使用两重循环实现,用外层循环控制行号,内层循环控制输出图形的个数。在输出时,要注意每行利用 tab 或 spc 函数定位后以及输出一个"*"时不能换行,而在输出该行的所有"*"后要用 Print 换行。例如打印等腰三角形,也可写成:

```
    Dim i%,j%
    For i=1 To 5
        Print Tab(6-i);
        For j=1 To 2*i-1
            Print " * ";
        Next j
        Print
    Next i
```

小结

结构化程序设计包括三种基本结构,即顺序结构、选择结构和循环结构。选择结构主要由 If 语句和 Select Case 语句实现,循环结构主要由 For...Next 语句、While...Wend 语句和 Do...Loop 语句实现。

If 语句有块结构和单行结构之分,使用的时候注意,块结构中 Then 后面的语句要换到下一行写,最后必须有 End If;单行结构中所有语句都在一行内书写,多条语句用冒号分隔。

Select Case 语句实现多分支结构,注意 Case 后面的表达式只有 4 种合法形式。

For...Next 语句适合实现已知循环次数的循环,而 While-Wend 语句和 Do-Loop 语句比较适合实现循环次数未知的循环。

这一章涉及很多的常用算法,包括累加、累乘、素数、数字分离和图形打印等,读者参考案例仔细体会各种算法的实现,改进程序,做到熟练应用各种控制语句。

习题

以下试题中程序的事件过程都可以选择窗体的单击事件。

4-1 根据分段函数的表达式，输入一个 x，输出对应的 y 值。

$$y = \begin{cases} \dfrac{1}{2}e^x + \sin(x) & x > 1 \\ \sqrt{2x+5} & -1 < x \leqslant 1 \\ |x-3| & x \leqslant -1 \end{cases}$$

4-2 输入 1~7 中的任意一位数字，输出对应的星期几的英文单词。

4-3 从键盘输入一个班 30 个学生的成绩，统计各分数段的人数。

4-4 从键盘输入若干正整数，以 0 为终止标记，求这批数中的各个位数字之和大于 8 的所有数的平均值。

4-5 输入一个整数 m，求出不超过 m 的最大的 5 个素数。

4-6 找出被 3，5，7 除，余数均为 1 的最小的 5 个正整数。

4-7 输入任意长度的字符串，要求将字符顺序倒置。例如，将输入的"ABCDEF"变成"FEDCBA"。

4-8 求若干个学生的平均成绩、最高成绩和最低成绩，以-1 为终止标记。

4-9 在 1000~9999 之间查找满足如下条件的整数：将该整数逆向排列得到的另一个 4 位数是它自身的倍数(2 倍及以上)，例如 1089，逆向排列为 9801，为 1089 的 9 倍

第5章 数组

5.1 数组的基本概念

5.1.1 引例

【例5-1】 计算50个学生的平均成绩，并统计高于平均分的人数。

【分析】 根据之前所学的知识，求平均分的程序段如下：

```
Dim i%,x%,aver!,sum%
sum=0
For i=1 To 50
    x=InputBox("请输入第" & i &"个学生的成绩")
    sum=sum+x
Next i
aver=sum/50
```

但是若要统计高于平均分的人数，则无法实现。因为x是一个简单变量，只能存放一个学生的成绩，循环结束时，x中存放的是第50个学生的成绩。如果用简单变量统计50个学生中高于平均分的人数，有两种解决办法：

（1）定义50个变量，x1、x2、……、x50分别存放这50个学生的成绩，则给变量赋值、累加求和以及与平均分比较的语句都需要写50条，此时代码冗余，繁琐。

（2）将50个学生的成绩再重新输入一遍，但此时输入数据的工作量会成倍增长，而且若误输入了某个值，则统计的结果不正确。

VB提供了数组这种数据结构来处理类型和功能一致的大批量数据。用数组很容易就可以解决求50个学生的平均分和高于平均分的人数的问题，程序如下：

```
Private Sub Form_Click()
    Dim a(1 To 50) As Integer,i%,s%,aver!,n%
    s=0
    For i=1 To 50
        a(i)=Val(InputBox("请输入第" & i &"个学生的成绩"))
        s=s+a(i)
    Next i
    aver=s/50：    n=0
    For i=1 To 50
        If a(i)>aver Then n=n+1
    Next i
    Print "平均分为：" & aver
    Print "高于平均分的人数为：" & n
```

End Sub
5.1.2　数组的概念

数组是一组相同类型的变量的集合，用于存放具有相同数据类型的一组数据。每个数组都有唯一的一个名字，称为数组名，代表逻辑上相关的一批数据。数组中的每个元素具有唯一的索引号，称为下标。

VB 中数组必须先声明后使用。在计算机中，数组占据一块内存区域，定义数组的目的就是通知计算机为其留出所需要的空间。

VB 中的数组，按不同的方式可分为以下几类：

（1）根据声明时数组的大小（数组元素的个数）确定是否可以把数组分为静态（定长）数组和动态（可变长）数组。

（2）按元素的数据类型可分为数值型数组、字符串数组、日期型数组和变体数组等。

（3）按数组的维数可分为一维数组、二维数组和多维数组。

（4）对象数组可分为菜单对象数组和控件数组。

5.2　数组的声明

在声明时确定了数组元素的个数，且在运行期间元素个数不能改变的数组称为静态数组。

5.2.1　静态数组的声明

声明静态数组的形式如下：

Dim 数组名（下标1[，下标2…]）[As 数据类型]

其中

（1）数组名：命名规则与简单变量命名规则相同，可以是任意合法的变量名。

（2）下标的个数：决定了数组的维数，VB 中最多允许60维。

（3）下标的形式：[下界 To]上界。若省略下界，其缺省值为0。且下界不能大于上界。

（4）每一维的大小：上界−下界+1。数组的大小为每一维大小的乘积。

（5）数据类型：可以是 VB 中的标准数据类型，也可以是用户自定义类型。

例如：

Dim a（1 To 10）As Integer

该语句声明了一个具有10个元素的一维整型数组 a，分别为 a(1)、a(2)、…、a(10)，可存放10个整数。

Dim b（8）As Single

该语句声明了一个具有9个元素的单精度型数组 b，分别为 b(0)、b(1)、…、b(8)，可存放9个单精度型的数据。

Dim c（1 To 3，1 To 4）As Integer

该语句声明了一个具有12个元素的整型数组 c，第一维下标范围为1~3，第二维下标范围为1~4，其各元素排列如表5−1所示。

表5−1　二维数组 c 的各元素排列

c(1, 1)	c(1, 2)	c(1, 3)	c(1, 4)
c(2, 1)	c(2, 2)	c(2, 3)	c(2, 4)
c(3, 1)	c(3, 2)	c(3, 3)	c(3, 4)

Dim d(2，3，4)As String

该语句声明了一个具有 3×4×5 个元素的字符型数组 d，第一维下标范围为 0~2，第二维下标范围为 0~3，第三维下标范围为 0~4，共 60 个元素。

【说明】

（1）在 VB 的窗体或标准模块中用 Option Base n 语句(n 只能为 0 或 1)可重新设定数组的缺省下界。一个窗体或模块中只能出现一次 Option Base，且必须位于带维数的数组声明和所有过程之前。例如：

Option Base 1   ＇设定下界为 1

（2）在数组声明时的下标只能是常量，而在其他地方出现的数组元素的下标可以是变量。例如 Dim a(n)As Integer 在运行时会弹出"要求常数表达式"的错误提示信息。而 a(n)=10 则可以，但要注意 n 的取值必须介于下界和上界之间，否则会出现下标越界的错误。

5.2.2　动态数组的声明

动态数组是指在声明时未指定数组大小(省略括号中的下标)的数组，在使用过程中，可随时用 ReDim 语句重新指定数组的大小。声明动态数组的一般形式为：

Dim 数组名()[As 数据类型]

指定动态数组大小的一般形式为：

ReDim [Preserve] 数组名(下标[，下标 2…])[As 数据类型]

例如：

```
Private Sub Form_Click()
    Dim a() As Integer
    …
    m=InputBox("请输入 m 的值")
    n=InputBox("请输入 n 的值")
    ReDim a(m,n)
    …
End Sub
```

上面的程序先声明 a 为动态数组，然后在用户输入 m，n 的值之后，重新指定 a 为二维数组，第一维的下标为 0~m，第二维的下标为 0~n。

【说明】

（1）Dim 变量声明语句是说明性语句，可出现在过程内或通用声明处；ReDim 语句是执行语句，只能出现在过程内。

（2）在过程中可多次使用 ReDim 改变数组的大小，也可改变数组的维数，但不能改变数组元素的数据类型。

（3）每次使用 ReDim 语句都会使数组中原来的值丢失，可以在 ReDim 语句中加 Preserve 参数保留数组中的数据，但使用 Preserve 只能改变最后一维的大小，前面几维大小不能改变，且只能改变数组的上界，改变下界会导致错误。

（4）ReDim 中的下标可以是常量，也可以是有了确定值的变量及表达式。

5.3　数组的基本操作

数组的声明不仅为数组分配一定的内存空间，而且还对数组初始化，数值类型的数组元

60

素缺省值为 0,字符型的数组元素缺省值为空串,Variant 数组元素缺省值为 Empty。要使数组存放用户指定的一批特定的数据,必须对数组元素赋值。数组元素的形式:

数组名(下标[,下标2…])

下标表示顺序号,每个数组元素有一个唯一的顺序号,下标不能超出数组声明时的上、下界范围,否则程序运行时会显示"下标越界"的错误提示。下标可以是整型的常量、变量、表达式,甚至又是一个数组元素。

5.3.1 数组元素赋初值

1. 利用循环有规律地赋值

```
Dim a(1 To 10)As Integer
For i=1 To 10
    a(i)=InputBox("请输入 a(" & i & ")的值")        '从键盘依次输入 a(1)到 a(10)
的值
Next i
```

也可以产生一组随机数赋给数组的各元素,例如:

```
Dim a(1 To 3,1 To 4)As Integer
For i=1 To 3
  For j=1 To 4
    a(i,j)=Int(Rnd*101+100)        '将随机产生的 100~200 间的整数赋给数组的各元素
  Next j
Next i
```

2. 用 Array 函数整体赋值

```
Dim a As Variant
a=Array(1,3,5,7,9)    'a 数组有 5 个元素,下界从 0 开始
```

【说明】

(1)利用 Array 函数对数组各元素赋值,声明的数组是动态数组或连圆括号都可省略的数组,并且其类型只能是 Variant。

(2)默认情况下数组的下界为零,上界由 Array 函数括号内的参数个数决定,也可通过函数 Ubound 获得。例如上述利用 Array 函数给数组赋值的程序中,Ubound(a)的值为 4。

3. 数组整体赋值

在 VB 中,提供了数组直接对数组的赋值。例如:

```
Dim a( )As Variant,b( )As Variant
a=Array(1,2,3,4,5)
b=a
```

其中 b=a 相当于下列循环的效果:

```
ReDim b(UBound(a))
For i=0 To UBound(a)
  b(i)=a(i)
Next i
```

【说明】

(1)赋值号左右两边数组的数据类型必须一致。

（2）如果赋值号左边是一个动态数组，则赋值时系统自动将动态数组 ReDim 成右边同样大小的数组。

（3）如果赋值号左边是一个大小固定的数组，则数组赋值出错。

5.3.2 数组元素的输出

要想查看数组中存放的数据，就要进行数组元素的输出，一般可以用 Print 方法输出到窗体或图片框中。一维数组各元素的输出用一重循环，二维数组各元素的输出要用二重循环。

例如，一个具有 10 个元素的一维数组 a(1 to 10)，输出其各元素的值，程序为：

```
For i = 1 To 10
    Print a(i)
Next i
```

而一个 3 行 4 列的二维数组 a(1 to 3,1 to 4)在输出时往往会按 3 行、每行 4 个数的格式输出,其程序为：

```
For i = 1 To 3
    For j = 1 To 4
        Print a(i,j);
    Next j
    Print
Next i
```

其中 Print a(i, j)后面加";"表示输出一个数组元素时不换行。直到第 i 行的所有数据都输出完，即内层循环 For j = 1 to 4 结束时，才用 Print 语句将光标换到下一行。

5.4 数组的常用算法

数组在实际应用过程中，一般包括以下 4 步：

（1）数组的声明

（2）数组元素赋值

（3）数组元素的处理

（4）数组元素的输出

不同的算法，只是数组元素的处理过程不同，即第 3 步不同，其余各步均类似。

5.4.1 一维数组的常用算法

1. 求数组最大值和最小值

求最大值类似于打擂。首先，将数组 a 中的第 1 个数 a(1)作为擂主，即 Max = a(1)；然后将数组中的每一个元素 a(i)和擂主 Max 比较，如果 a(i)比 Max 大，就将擂主 Max 改为 a(i)的值；当数组中所有元素都和最大值 Max 比完时，最后的擂主 Max 就是这 10 个数中的最大值。

【例 5-2】求包含 10 个数的一维数组的最大元素及其下标。

```
Private Sub Form_Click( )
    ' 数组的声明
    Dim a(1 To 10) As Integer
    Dim max% , imax% , i%
```

```
' 数组元素赋值
For i = 1 To 10
    a(i) = Int(Rnd * 90+10)
Next i
' 求最大值及最大值的下标
max = a(1) : imax = 1
For i = 2 To 10
  If a(i) > max Then
    max = a(i)
      imax = i
  End If
Next i
' 数组元素及最终结果的输出
For i = 1 To 10
  Print a(i) ;
Next i
Print
Print" 最大值是:" ; max ;" 下标是:" ; imax
End Sub
```

求最小值的方法和求最大值类似，只是不断在寻找比最小值 Min 还小的数。

2. 数组逆序

数组元素的逆序，不是数组元素的逆序输出，而是将数组中的数据第一个和最后一个交换，第二个和倒数第二个交换，以此类推。

【例 5-3】将具有 n 个元素的数组逆序存放并输出。

【分析】由于数组元素的个数 n 是可以变化的，所以使用动态数组来存放这 n 个数。逆序存放只需将 a(1) 和 a(n) 交换，a(2) 和 a(n-1) 交换……，即 a(i) 和 a(n+1-i) 交换，其中 i = 1 to n \ 2。

```
Private Sub Form_Click( )
    Dim a( ) As Integer,i%,t%,n%
    n = InputBox(" 请输入数组元素的个数")
    ReDim a(1 To n)
    For i = 1 To n
        a(i) = Int(Rnd * 90+10)
    Next i
    Print" 逆序前:"
    For i = 1 To n
        Print a(i) ;
    Next i
    Print
    For i = 1 To n \ 2
```

```
            t=a(i)
            a(i)=a(n+1-i)
            a(n+1-i)=t
        Next i
        Print"逆序后:"
        For i=1 To n
            Print a(i);
        Next i
        Print
    End Sub
```

3. 数组排序

【例5-4】对已存放在数组中的 n 个数,用冒泡法按递增顺序排序。

【分析】冒泡法的思想是从 a(1) 到 a(n),相邻的两数两两进行比较,在每次比较过程中,若前一个数比后一个数大,则交换两元素的值。一轮扫描完之后,最大的数就放入 a(n) 中了。

重复上述算法,只是每轮进行比较的数列范围向前移一个位置。即第 2 轮从 a(1) 到 a(n-1),相邻的两数两两比较,一轮结束,最大数放在 a(n-1) 中;第 3 轮从 a(1) 到 a(n-2),相邻的两数两两比较,一轮结束,最大的数放在 a(n-2) 中;…,此过程重复 n-1 轮后,就将 a 数组中的 n 个数按由小到大的顺序排好了。在排序过程中小数像气泡一样上浮,而大数逐个下沉,所以叫冒泡法。

本程序数组的声明、数组元素的赋值、数组元素的输出同例 5-3,这里只给出排序的程序:

```
For i=1 To n-1        'i 控制排序的轮次,n 个数需要 n-1 轮才能排好
    For j=1 To n-i     'j 控制每一轮参与比较的数组元素的下标
        If a(j)>a(j+1)Then
            t=a(j)
            a(j)=a(j+1)
            a(j+1)=t
        End If
    Next j
Next i
```

冒泡法每一轮都是把最大的数排到最后面,顺序法排序的思路是每一轮把最小的元素排到最前面。顺序法第 1 轮是将 a(1) 和其后的各元素 a(i)(i=2 to n) 比较,如果 a(i)<a(1),则交换 a(1) 和 a(i) 的值,一轮扫描结束后,最小的元素就放入 a(1) 中了。重复上述操作,只是第 2 轮是将 a(2) 和其后的各元素 a(i)(i=3 to n) 比较,如果 a(i) 小于 a(2),则交换 a(2) 和 a(i) 的值,一轮扫描结束后,最小的元素就放入 a(2) 中了;第 3 轮是将 a(3) 和其后的各元素 a(i)(i=4 to n) 比较,如果 a(i) 小于 a(3),则交换 a(3) 和 a(i) 的值,一轮扫描结束后,最小的元素就放入 a(3) 中了;…,此过程重复 n-1 轮后,就将 a 数组中的 n 个数按

由小到大的排序排好了。

　　顺序法排序的程序为：

```
For i=1 To n-1
    For j=i+1 To n
        If a(j)<a(i)Then
            t=a(j)
            a(j)=a(i)
            a(i)=t
        End If
    Next j
Next i
```

　　选择法排序和顺序法排序相似，都是在第 i 轮将最小的元素放到 a(i)中，只是选择法不急着交换，而是先选出第 i 轮的最小值，将最小值与 a(i)交换，一轮只交换一次。具体算法步骤为：先找出 a(1)到 a(n)中最小数所在的位置 k，一轮扫描结束后，把 a(1)与 a(k)的值互换，就将最小数放入 a(1)中了。重复上述算法，只是每轮进行比较的数列范围向后移一个位置。即第二轮从 a(2)到 a(n)中去找最小数的位置 k，最后把 a(2)与 a(k)对调；第三轮从 a(3)到 a(n)中去找最小数的位置，最后把 a(3)与 a(k)对调；…，此过程重复 n-1 轮后，就将 a 数组中的 n 个数按由小到大的顺序排好了。

　　选择法排序的程序为：

```
For i=1 To n-1
    k=i
    For j=i+1 To n
        If a(j)<a(k)Then k=j
    Next j
    If k<> i Then
        t=a(i)
        a(i)=a(k)
        a(k)=t
    End If
Next i
```

　4. 数组元素的插入和删除操作

　　数组元素的插入和删除一般都是在已经排好序的数组中插入或删除一个元素，使得插入或删除后的数组仍然有序。

　　【例 5-5】将一个数插入到一个有序的数组中，要求插入该数后数组仍然有序。

　　【分析】假定有一个 10 个元素的数组 a(1 to 10)，里面已经存放了 9 个从小到大排好序的数据。将 x 插入到数组中的方法为：首先是将 x 与 a(i)(i=1 to 9)比较，如果 x 小于 a(i)，则停止查找，第 i 个位置即为 x 的位置，然后将 n-1 到 i 位置上的数据依次向后移动一个位置，从而将第 i 个位置腾出，最后将 x 存入 a(i)中。具体程序为：

```
Private Sub Form_Click( )
    Dim a(1 To 10)As Integer,i%,j%,x%
```

```
    For i=1 To 9
        a(i)=i*3-1
    Next i
    Print"插入数前数组的值:"
    For i=1 To 9
        Print a(i);
    Next i
    Print
    x=InputBox("请输入 x 的值")
    For i=1 To 9
        If x<a(i)Then Exit For
    Next i
    For j=9 To i Step-1
        a(j+1)=a(j)
    Next j
    a(i)=x
    Print"插入数后数组的值:"
    For i=1 To 10
        Print a(i);
    Next i
    Print
End Sub
```

【例 5-6】从一个有序的数组中查找一个数，如果存在则删除，否则提示用户"未找到"。

【分析】假定有一个 10 个元素的有序数组 a(1 to 10)，x 为要删除的数，则删除的方法为首先将 x 与 a(i)(i=1 to 10)比较，如果 x 等于 a(i)，则停止查找，a(i)即为要删除的数。然后将 i+1 到 n 位置上的数据依次向前移动一个位置即可。如果结束查找后 i>10，则表示 x 不在数组中，提示"未找到"。具体程序为：

```
Private Sub Form_Click()
    Dim a(1 To 10)As Integer,i%,j%,x%
    For i=1 To 10
        a(i)=i*3-1
    Next i
    Print"删除前数组的值:"
    For i=1 To 10
        Print a(i);
    Next i
    Print
    x=InputBox("请输入要删除的数")
    For i=1 To 10
        If x=a(i)Then Exit For
```

```
      Next i
      If i<=10 Then
         For j=i+1 To 10
            a(j-1)=a(j)
         Next j
         Print"删除后数组的值:"
         For i=1 To 9
            Print a(i);
         Next i
         Print
      Else
         Print"未找到"
      End If
End Sub
```

5.4.2 二维数组的常用算法

1. 方阵转置

把方阵 A 的行换成相应的列，得到的新矩阵称为 A 的转置矩阵，如图 5-1 所示。

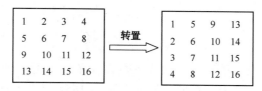

图 5-1 矩阵转置

转置的实质就是以主对角线为轴，左下三角的元素 a(i，j)(i>j)和右上三角相应的元素 a(j，i)互换。

【例 5-7】编程实现 4×4 方阵的转置。

```
Private Sub Form_Click()
   '二维数组声明
   Dim a(1 To 4,1 To 4)As Integer,i%,j%,t%,k%
   '二维数组赋值
   k=0
   For i=1 To 4
      For j=1 To 4
         k=k+1
         a(i,j)=k
   Next j,i
   '二维数组输出
   Print"转置前"
   For i=1 To 4
      For j=1 To 4
```

67

```
        Print Tab(j*4); a(i,j);
      Next j
    Next i
    ' 转置
    For i=1 To 4
      For j=1 To i-1          ' 每一行只取左下三角的各元素
        t=a(i,j)
        a(i,j)=a(j,i)
        a(j,i)=t
      Next j
    Next i
    ' 二维数组输出
    Print" 转置后"
    For i=1 To 4
      For j=1 To 4
        Print Tab(j*4); a(i,j);
      Next j
    Next i
End Sub
```

2. 杨辉三角

杨辉三角，又称贾宪三角形，是二项式系数在三角形中的一种几何排列，如图 5-2 所示。在欧洲，这个表叫做帕斯卡三角形。帕斯卡是在 1654 年发现这一规律的，比杨辉要迟 393 年，比贾宪迟 600 年。近年来国外也逐渐承认这项成果属于中国，所以有些书上称这是"中国三角形"（Chinese triangle）。

```
                          1
                        1   1
                      1   2   1
                    1   3   3   1
                  1   4   6   4   1
                1   5   10  10  5   1
              1   6   15  20  15  6   1
            1   7   21  35  35  21  7   1
          1   8   28  56  70  56  28  8   1
        1   9   36  84  126 126 84  36  9   1
      1  10   45  120 210 252 210 120 45  10  1
```

图 5-2 杨辉三角

与杨辉三角联系最紧密的是二项式乘方展开式的系数规律，即二项式定理。例如在杨辉三角中，第 4 行的四个数恰好依次对应两数和的立方的展开式的每一项的系数，即 $(a+b)^3=a^3+3a^2b+3ab^2+b^3$，以此类推。

【例 5-8】打印 10 行的直角杨辉三角，如图 5-3 所示。

【分析】图 5-3 中的杨辉三角，第一列的元素和主对角线的元素全为 1，其余的元素 a(i, j)（i=3 to 10，j=2 to i-1）等于上一行正对着它的元素 a(i-1, j) 和上一行左斜对角元素 a(i-1, j-1) 的和。

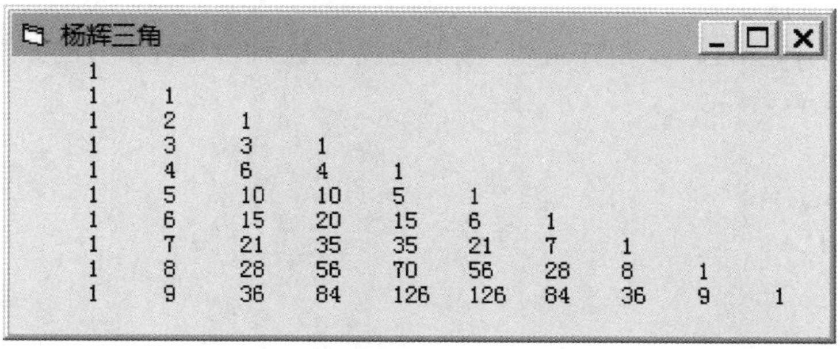

图 5-3　直角杨辉三角

```
Private Sub Form_Click( )
    Dim a( 1 To 10,1 To 10)As Integer,i% ,j%
    For i=1 To 10
        a(i,1)=1        '第1列的元素为1
        a(i,i)=1        '主对角线的元素为1
    Next i
    For i=3 To 10
        For j=2 To i-1
            a(i,j)=a(i-1,j)+a(i-1,j-1)
        Next j
    Next i
    For i=1 To 10
        For j=1 To i        '每一行只输出到主对角线上的元素就截止
            Print Tab(j*6); a(i,j);
        Next j
        Print
    Next i
End Sub
```

欲输出如图 5-2 所示的等腰杨辉三角，只需将上述程序中的 Tab(j*6)换成 Tab(30-i*3+j*6)即可。

3. 输出满足特定要求的矩阵

【例 5-9】输出如图 5-4 所示的方阵。

```
Private Sub Form_Click( )
    Dim a( 1 To 5,1 To 5)As Integer,i% ,j%
    For i=1 To 5
        For j=1 To 5
            If i=j Or i+j=6 Then        '主对角线或辅对角线上的元素
                a(i,j)=1
            ElseIf i> j And i+j<6 Then     '主对角线下方,辅对角线上方的元素
                a(i,j)=2
            ElseIf i> j And i+j> 6 Then     '主对角线下方,辅对角线下方的元素
```

```
1 5 5 5 1
2 1 5 1 4
2 2 1 4 4
2 1 3 1 4
1 3 3 3 1
```
图 5-4　满足条件的方阵

69

```
                a(i,j)=3
            ElseIf i<j And i+j> 6 Then    ' 主对角线上方,辅对角线下方的元素
                a(i,j)=4
            Else
                a(i,j)=5
            End If
    Next j,i
    For i=1 To 5
        For j=1 To 5
            Print a(i,j);
        Next j
        Print
    Next i
End Sub
```

【例5-10】打印 5 阶"魔方阵"。所谓魔方阵是指这样的方阵，它的每一行、每一列和主副对角线之和均相等。

【提示】魔方阵中的各数的排序规律如下：

（1）将 1 放在第一行中间一列；

（2）从 2 到 25 各数依次按下列规则存放：每一个数放的行比前一个数的行数减 1；列数加 1；

（3）如果上一个数的行数为 1；则下一个数的行数为 n（指最后一行）；

（4）当上一个数的列数为 n 时，下一个数的列数为 1；

（5）如果按上面规则确定的位置上已有数，则把下一个数放在上一个数的下面。

```
Private Sub Form_Click( )
    Const N=5
    Dim a(1 To N,1 To N) As Integer,i%,j%,k%,i1%,j1%
    i=1：  j=(N+1)\2
    For k=1 To N*N
        a(i,j)=k
        i1=i-1
        j1=j+1
        If i1<1 Then i1=N
        If j1> N Then j1=1
        If a(i1,j1)<> 0 Then i1=i+1:j1=j
        i=i1
        j=j1
    Next k
    For i=1 To N
        For j=1 To N
            Print Tab(j*4); a(i,j);
```

```
        Next j
        Print
     Next i
End Sub
```

5.5 控件数组

控件数组由一组相同类型的控件组成,它们共用一个控件名,建立时系统给每个元素赋一个唯一的索引号(Index)。控件数组共享同样的事件过程,通过返回的下标值区分控件数组中的各个元素。如果一个窗体中有多个相同类型的控件,并且有类似的操作,使用控件数组会使程序简化,便于程序的设计与维护。控件数组可以在设计时建好,也可以在运行时添加。

1. 在设计时建立控件数组

在窗体上画出控件,进行属性设置,这是建立的第一个元素。选中该控件,进行"复制"和若干次"粘贴"操作,建立所需个数的控件数组元素。

2. 运行时添加控件数组

在窗体上画出某控件,设置该控件的 Index 值为 0,表示该控件为数组,这是建立的第一个元素。

在编程时通过 Load 方法添加其余的若干个元素,也可以通过 Unload 方法删除某个添加的元素。

每个新添加的控件数组元素通过 Left 和 Top 属性确定其在窗体的位置,并将 Visible 属性设置为 True 使其显示。

【例 5-11】编写如图 5-5 所示的开关灯程序。

【分析】首先在窗体上添加一个名称为 Command1 的命令按钮,设置其 backcolor 属性为黑色,style 属性为 1,然后选中并复制该按钮,在窗体进行粘贴操作。在弹出对话框询问"已经有一个控件为' Command1'。创建一个控件数组吗?"时,选择"是"。经过 3 次粘贴,创建了由 4 个命令按钮组成的控件数组。窗体上其他按钮为普通的命令按钮,创建及属性设置方法不再详述。具体程序为:

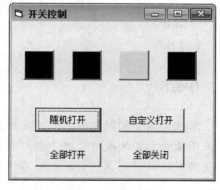

图 5-5　开关灯程序

```
Private Sub Command2_Click( )    '随机打开
   Dim n%,i%
   For i=0 To 3
      Command1(i).BackColor=vbBlack
   Next i
   n=Int(Rnd * 4)
   Command1(n).BackColor=vbYellow
End Sub
```

```
Private Sub Command3_Click( )        '自定义打开
    Dim n% ,i%
    For i=0 To 3
        Command1(i). BackColor=vbBlack
    Next i
    n=InputBox("您想打开哪盏灯？请输入1-4之间的数字","请输入")
    If n>=1 And n<=4 Then
        Command1(n-1). BackColor=vbYellow
    Else
        MsgBox"没有第"& n &"盏灯",,"提示"
    End If
End Sub


Private Sub Command4_Click( )        '全部打开
    Dim i%
    For i=0 To 3
        Command1(i). BackColor=vbYellow
    Next i
End Sub


Private Sub Command5_Click( )        '全部关闭
    Dim i%
    For i=0 To 3
        Command1(i). BackColor=vbBlack
    Next i
End Sub
```

小结

本章介绍了数组的概念，涉及静态数组、动态数组、控件数组等的基本概念和应用。数组用于保存相关的成批数据，它们共享一个数组名，用不同的下标表示数组中的各个元素。要使用数组必须先声明它的数组名、类型、维数和大小等。声明时确定了数组大小的为静态数组，也称定长数组，否则为动态数组，要使用 ReDim 语句确定数组的大小。在使用时利用 LBound 和 UBound 函数可求出数组的下界和上界。数组的输入、输出和处理通常离不开循环，使用时要注意数组下标和循环变量间的关系。

本章涉及的常用算法包括求数组中的最大值和最小值、数组逆序、数组排序（冒泡法、顺序法、选择法）、在有序的数组中插入（或删除）一个数、方阵转置、杨辉三角、产生满足条件的矩阵等。

习题

5-1 求 20 个数中的最大值和次最大值。

5-2 求一个 5×5 矩阵主对角线上元素之和，副对角线上元素之积。

5-3 有 n 个数已按由小到大的顺序排好，要求输入一个数，把它插入到原有序列中，而且插入之后仍然保持有序。

5-4 使用动态数组输出给定行数的杨辉三角形。如图 5-9 所示。

图 5-9　等腰形式的杨辉三角

5-5 有一个 n×m 的矩阵，编写程序，找出其中最大的那个元素，并输出其值以及所在的行号和列号。

5-6 随机产生 10 个[100，200]之间的数，并按从大到小排序，然后显示排序结果。

第6章 过程

结构化程序设计的最主要思想是模块化设计，即将程序划分成若干个模块，每一个模块完成一个或多个特定的操作过程，因此被称为"过程"。根据有无返回值，VB 中将过程分成 Sub 子过程和函数过程。Sub 过程又分为事件过程和通用过程两种，事件过程在前面已经介绍过了，它用于对某一个事件做出响应，当用户或系统触发某事件时，系统自动调用相应的事件过程；通用过程则是由用户定义的一段程序，可供事件过程或其他通用过程调用。下面分别介绍 Sub 子过程和函数过程。

6.1 引例

引例：验证哥德巴赫猜想。哥德巴赫猜想的描述为：任意一个大于 4 的偶数都可以分解为两个素数的和的形式。编写程序对 10 至 20 之间的偶数验证哥德巴赫猜想，即将 10 至 20 之间的偶数表示成 2 个素数之和的形式，每个偶数写出一种表示形式即可。

```
Function prime( m As Integer) As Boolean
    Dim i As Integer
    Dim flag As Boolean
        flag = True
        If m<2 Then flag = False
        For i = 2 To m-1
            If m Mod i = 0 Then flag = False
        Next i
        prime = flag
End Function


Private Sub Form_Click( )
    Dim m As Integer,i As Integer
    For m = 10 To 20 Step 2
        For i = 3 To m-1
            If prime( i) = True And prime( m-i) = True Then
                Print m,i,m-i
                Exit For
            End If
        Next i
    Next m
End Sub
```

6.2　Sub 子过程的定义与调用

6.2.1　Sub 子过程的定义

子过程有助于将复杂的应用程序分解成多个易于管理的逻辑单元，使应用程序更简洁、更易于维护。子过程分为公有(Public)过程和私有(Private)过程两种，公有过程可以被应用程序中的任一过程调用，而私有过程只能被同一窗体或模块中的过程调用。

一般形式

[Private ｜ Public] [Static] Sub 过程名([参数列表])

　　[局部变量和常数声明]

　　语句块

　　[Exit Sub]

　　语句块

End Sub

说明：

(1) 没指定[Private ｜ Public]时，系统默认为 Public；

(2) Static 表示过程中的局部变量为"静态"变量；

(3) 过程名的命名规则与变量命名规则相同，在同一个模块中，同一个过程名不能既用作 Sub 子过程名，又用作 Function 过程名。

(4) 参数列表中的参数称为形参，它可以是变量名或数组名，不能是常量、数组元素、表达式；若有多个参数时，各参数之间用逗号分隔，形参没有具体的值。VB 的过程可以没有参数，但一对圆括号不可以省略。不含参数的过程称为无参过程。

形参格式为：

[ByVal ｜ ByRef] 变量名[( )] [As 数据类型]

式中：变量名为合法的 VB 变量名或数组名，无括号表示变量，有括号表示数组；ByVal 表明其后的形参是按值传递参数，若缺省或用 ByRef，则表明参数是按地址传递的(传址参数)或称"引用"；[As 数据类型]缺省表明该形参是变体型变量，若形参变量的类型声明为 String，则只能是不定长的。而在调用该过程时，对应的实参可以是定长的字符串或字符串数组，若形参是数组则无限制。

(5) Sub 过程不能嵌套定义，但可以嵌套调用。

(6) End Sub 标志该过程的结束，系统返回并调用该过程语句的下一条语句。

(7) 过程中可以用 Exit Sub 提前结束过程，并返回到调用该过程语句的下一条语句。

6.2.2　建立 Sub 子过程的方法

方法一

(1) 打开代码编辑器窗口；

(2) 选择"工具"菜单中的"添加过程"，显示图 6-1"添加过程"对话框；

(3) 对话框中输入过程名，并选择类型和范围；

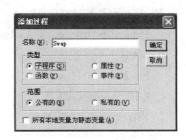

图 6-1　"添加过程"对话框

（4）在新创建的过程中输入内容。

方法二

（1）在代码编辑器窗口的对象中选择"通用"，在文本编辑区输入 Public Sub 过程名；

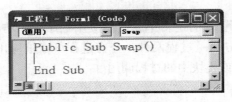

图 6-2　过程定义界面

（2）按回车键，即可创建一个 Sub 过程样板，如图 6-2 所示；

（3）在新创建的过程中输入内容。

6.2.3　Sub 子过程的调用

无论是事件过程还是子过程，没被调用之前都不会执行。事件过程一般通过触发某个事件来执行，而子过程必须要在某个过程中通过调用语句才能执行。VB 中子过程的调用有两种方法，具体如下：

1. 用 Call 语句调用

一般形式：

Call 过程名（实参列表）

说明：

（1）使用 Call 语句调用时，参数必须在括号内，当没有实参时，可以省略括号；

（2）实参列表中的实参可以是变量、常量、表达式和数组。有多个参数时，用逗号分隔。调用时把实参传递给对应的形参。实参必须与形参保持个数相同、顺序与类型一一对应。

2. 直接使用过程名调用

一般形式：

过程名 [实参 1 [，实参 2……]]

它与第一种方法的不同点是：去掉了关键字 Call 和实参列表两侧的括号。

6.2.4　Sub 子过程举例

【例 6-1】编写一个交换两个数的过程。

```
Private Sub Swap( x As Integer,y As Integer)
    Dim t As Integer
    t = x
    x = y
    y = t
End Sub
Private Sub Form_Click( )
    Dim a As Integer,b As Integer
    a = 10
    b = 20
    Call Swap( a,b)
    Print"a = " ;a," ,b = "; b
End Sub
```

6.3 函数过程(Function)的定义与调用

Function 过程也称为函数过程，通常用来求值，即调用函数过程将返回一个值。虽然 VB 提供了许多标准函数，如 Sin 函数、Abs 函数等，但是这些标准函数不可能满足所有用户的需要，因此当没有现成的内部函数可供使用时，用户可以自己定义函数，称为自定义函数。自定义函数通过 Function 过程实现，自定义函数一经定义之后就和内部函数一样使用。

6.3.1 函数过程的定义

一般形式：

[Private | Public] [Static] Function 函数名([参数列表])[As 数据类型]

    [局部变量和常数声明]

    语句块

    [函数名=表达式]

    [Exit Function]

    [语句块]

End Function

说明：

(1) 函数过程定义与 Sub 子过程定义基本相同，Sub 子过程用 Sub…End Sub 定义，而函数过程定义由 Function…End Function 来实现。

(2) 在上面格式中，Private、Public 、Static 的含义与作用以及参数列表的格式和使用方法等均与 Sub 子过程中的相同。

(3) Exit Function 的作用与 Exit Sub 相同。

(4) [As 数据类型]定义函数过程的返回值类型，如果省略则函数值为变体类型。"函数名=表达式"语句用于设置函数的返回值，一般不能省略，若省略则函数返回一个默认值(0 或空串或 False)。

【例 6-2】定义 Function 过程 fact 求 n!。

【分析】

(1) 要求 n!，必须已知 n，而且 n 是整数，所以 n 必须作为形参，类型为整型；因为阶乘的值随 n 值的变大，增长速度很快，所以函数值的类型要定义为单精度类型(或双精度类型及长整型)，再起个函数名 fact，这样就决定了函数过程首行的形式。

Function fact(n As Integer) As Single

(2) 首行定好之后，过程体中的代码主要实现在已知 n 的情况下，如何求出 n!，同时将求出的结果赋值给函数过程名 fact。

完整的函数过程代码如下：

```
Function fact( n As Integer) As Single
    Dim i As Integer,t As Single
    t = 1
    For i = 1 To n
      t = t * i
    Next i
```

```
        fact=t
End Function
```

6.3.2　函数过程的调用

函数过程的调用可以像使用内部函数一样简单。由于函数过程能返回一个值,因此完全可以将它看成一个函数。它与 VB 提供的内部函数没有什么本质区别,只不过内部函数是系统提供的,而函数过程是由用户自己定义的。

函数过程调用的一般形式:

过程名([实参列表])

其中,过程名为要调用的 Function 过程名,实参列表为要传递给 Function 过程的常量、变量或表达式,各参数间用逗号隔开,实参和形参必须在个数、顺序和类型上一一对应。

例如,求 5!和 m!可以写在窗体的单击事件中。

```
Private Sub Form_Click()
    Dim m As Integer
    m=4
    Print"5!  =";fact(5),"m!  =";fact(m)
End Sub
```

图 6-3　函数调用结果

启动程序后,在窗体上单击可以得到如图 6-3 所示的运行结果。执行顺序为在窗体上单击时,触发了 Form_Click 事件,开始执行 Form_Click 事件过程,首先在内存中为 m 分配一个存储单元,再将 4 放到 m 的存储单元中,执行到 Print 语句时发生两次函数调用,发生函数调用时,程序的流程转到 fact 过程,同时发生参数传递,将 5 传递给形参 n,即 n 的值就是 5,执行完 fact 过程时,返回了 120。当执行到 fact(m)时,又发生一次函数调用,这次实参 m 将它的地址传递给形参 n(因为定义函数过程时形参 n 前没有 ByVal,就是按地址传递的),即 m 和 n 共用同一段内存单元,所以 n 的值也为 4,在执行完 fact 过程后,返回值就是 24,最后回到 Form_ Click 事件,结束程序的运行。

通过函数过程求值,只能求出一个值,如果希望通过过程的调用得到多个值或者不需要求值,则一般使用 Sub 子过程。

6.3.3　应用举例

【例 6-3】利用过程编写求三角形面积的程序。

```
Private Function area(x As Single,y As Single,z As Single)As Single
    Dim p As Single
    p=(x+y+z)/2
    s=Sqr(p*(p-x)*(p-y)*(p-z))
    area=s
End Sub

Private Sub Command1_Click()
    Dim a As Single,b As Single,c As Single
```

78

```
        a = Text1. Text
        b = Text2. Text
        c = Text3. Text
        Text4. Text = area(a,b,c)
End Sub
```

6.4 参数的传递

6.4.1 形参与实参的概念

（1）形参指出现在 Sub 和 Function 过程定义时形参表中的变量名、数组名等，过程被调用前，没有为形参及过程内定义的变量分配内存，发生过程调用后，才为其分配临时的存储单元，过程调用结束之后，立即释放为其分配的存储单元。

（2）实参是在调用 Sub 和 Function 过程时，传送给相应过程的变量名、数组名、常数或表达式等。在过程调用传递参数时，形参与实参是按顺序结合的，形参表和实参表中对应的变量名可以不必相同，但顺序必须是对应的。

（3）形参与实参的关系：形参如同公式中的符号，实参就是符号具体的值；调用过程即实现形参与实参的结合。

6.4.2 参数传递

1. 按值传递参数(形参定义时前加 ByVal)

按值传递参数时，是将实参变量的值复制一个到临时存储单元中，如果在调用过程中改变了形参的值，不会影响实参变量本身，即实参变量保持调用前的值不变。

2. 按地址传递参数(形参定义时前加 ByRef 或没有修饰词)

按地址传递参数时，把实参变量的地址传送给被调用过程的形参，形参和实参共用同一内存单元。在被调用过程中，形参的值一旦改变，相应实参的值也跟着改变。

【例 6-4】值传递和地址传递的区别。

```
Sub Swap1( ByVal a As Integer,ByVal b As Integer)
        Dim c As Integer
        c = a:a = b:b = c
End Sub


Sub Swap2( ByRef a As Integer,ByRef b As Integer)
        Dim c As Integer
        c = a:a = b:b = c
End Sub


Private Sub Form_Click( )
        Dim x As Integer,y As Integer
        x = 5:y = 9
        Swap1 x,y
        Print "调用 swap1:";"x = "; x;"y = "; y
```

```
        Swap2 x,y
        Print "调用 swap2:";"x=";x;"y=";y
End Sub
```

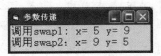

图 6-4　例 6-4 运行结果

程序运行结果如图 6-4 所示。可以看到，Swap1 过程和 Swap2 过程只是参数传递方式不同，在调用 Swap1 过程之后，x、y 的值保持不变，而调用 Swap2 过程之后，x 和 y 的值发生了交换。原因就是 Swap1 过程的形参带有 ByVal，是值传递的形式，这种形式下，形参发生变化并不影响实参；而 Swap2 过程的形参带有 ByRef，是地址传递形式，地址传递就是实参将其地址传递给形参，即实参和形参共用同一段内存单元。这样在此过程中，实参和形参的值一直是相同的，所以，在过程中改变形参的值就同时改变了实参的值，正是由于这个地址传递的特点，使得在过程的调用中可以得到多个变化的值。

【例 6-5】使用 Sub 过程求 n！。

【分析】在例 6-2 中，阶乘的值是由函数过程名带回的，如果使用 Sub 过程，Sub 过程名不能带回值，那么如何表示在过程中求得的阶乘值呢？这就要用到参数的地址传递方式，在定义 Sub 过程时，增加一个参数来存放求出的阶乘值，这样过程的参数就变成了两个，相应的调用过程也要做些变化，代码如下：

```
Sub fac(ByVal n As Integer,t As Single)
    Dim i%
    t=1
    For i=1 To n
      t=t*i
    Next i
End Sub


Private Sub Form_Click()
    Dim s As Single
    Call fac(5,s)
    Print"5! =";s
End Sub
```

运行结果为：

5! =120

执行过程为：在窗体的单击事件中，执行到 Call fac(5，s)时，发生子过程调用，同时发生参数传递，5 把它的值传给 n(实参不是变量名时，ByRef 类型的参数也只能传值)，s 把它的地址传给 t，这样 t 和 s 共用一段内存单元，在过程中给 t 赋值也相当于同时给 s 赋值，当过程调用结束后，n 和 t 的存储单元被释放，但求出的阶乘值保留在了 s 中。

3. 数组参数

VB 允许把数组作为形参出现在形参表中。数组形参的一般形式为：

形参数组名( )[As 数据类型]

形参数组只能按地址传递参数，对应的实参也必须是数组，且数据类型相同。调用过程时，把要传递的数组名放在实参表中，数组名后面可以不加圆括号。在过程中不可以用 Dim 语句对形参数组进行声明，否则会产生"重复声明"的错误。但在使用动态数组时，可以用 ReDim 语句改变形参数组的维界，重新定义数组的大小。

形参数组不指定大小时，可以用 Lbound 和 Ubound 求出数组的下界和上界。

4. 可选参数

有时需要编写含有可选参数的过程。例如，编写一个可以同时计算 2 个或 3 个参数的最大值的过程：

```
Function MaxNum( x As Integer,y As Integer,Optional z) As Integer
    Dim t As Integer
    If x> y Then
      t = x
    Else
      t = y
    End If
    If Not IsMissing( z) Then
      If t<z Then t = z
      End If
      MaxNum = t
End Function

Private Sub Form_Click( )
    Print MaxNum(5,7)
    Print MaxNum(5,7,9)
End Sub
```

输出结果为：

7

9

可以看到，无论是 2 个参数还是 3 个参数，该过程都能够正确地执行。

可选参数采用关键字 Optional 来指定。一个过程可以有一个或多个可选参数，可选参数必须位于参数表的最后。需要注意的是，可选参数只能为 Variant 类型。VB 提供了一个函数 IsMissing 用来测试是否为可选参数传递了实参。如果没有传递则返回 True，否则返回 False。因而可以通过判断其返回值分别进行不同的处理。

6.5 过程和变量的作用域

组成应用程序的多个过程可以位于不同的模块中，包括窗体模块和标准模块等。对应于窗体的窗体模块是扩展名为 .frm 的文件，窗体模块存储了窗体的说明和事件过程、通用过程等。而对应于标准模块的是扩展名为 .bas 的文件，主要用于存储全局变量、通用过程等，一个应用程序可以有一个或多个标准模块，或没有标准模块。如果要在一个工程中添加一个标准模块，只需要单击菜单栏中的"工程 | 添加模块"命令就可以了。

81

由于 VB 的源程序由不同的模块组成，每个模块又包含不同的过程，因而就产生了过程和变量的作用域与生存期的问题，即过程和变量可被访问的范围和时间。

6.5.1　过程的作用域

过程的作用域就是过程的有效范围。例如，一个模块级的过程是不可以在另一个模块中调用的。过程的作用域分为模块级和全局级两种。

一个模块级的过程只能被本模块的过程调用。模块级的过程定义使用 Private 关键字。例如，下面的过程：

Private Sub MaxNum(a as integer, b as integer)

　　……

End Sub

假设上面的过程是在模块 Form1 中定义的，则只能在模块 Form1 中调用，而无法在模块 Form2 中调用。

全局级的过程可以在整个应用程序中调用，全局级的过程使用关键字 Public 定义，默认为 Public。例如，下面的过程：

Public Sub MaxNum(a as integer,b as integer)

　　……

End Sub

该过程不仅可以被其所在模块的其他过程调用，也可以被应用程序的其他模块中的过程调用。需要注意的是，如果全局级的过程位于窗体模块，在调用的时候应当加上窗体名，例如：

Form1. MaxNum(……)

如果全局级的过程位于标准模块，则在调用的时候可以省略模块名，但是必须保证该过程名是唯一的，否则应当加上模块名。

6.5.2　变量的作用域

1. 变量的作用域

变量的作用域分为过程级、模块级和全局级。

过程级的变量也称局部变量。局部变量仅在其所在的过程中有效。在过程体中使用 Dim 声明的变量或不声明而直接使用的变量都是局部变量。例如：

Sub Test1()

　　Dim x as integer

　　……

End Sub

Sub Test2()

　　Dim x as integer

　　……

End Sub

虽然上面的例子含有两个名字一样的变量 x，但是由于 x 都是局部变量，它们并不会互

82

相干扰。

模块级的变量位于一个模块(窗体模块或通用模块)的所有过程之外。这种变量可以被该模块所有的过程访问。如果模块级的变量与过程级的变量同名,则在该过程中,使用该变量名访问到的是过程级的变量。例如:

```
Dim x As Integer
Private Sub Form_Load( )
    Show
    x = 10
    Test1
    Test2
End Sub


Private Sub Test1( )
    Print x
End Sub


Private Sub Test2( )
    Dim x as Double
    Print x
End Sub
```

在运行程序之后,输出的结果是:

10

0

可见,过程级的变量可以"屏蔽"同名的模块级的变量。

全局级的变量与全局级的过程类似,都是采用 Public 关键字来声明的。全局级的变量同样位于模块的所有过程之外。例如:

```
Public x As Integer
```

这样的声明将使得应用程序的所有模块都可以访问到该变量。与全局级过程类似,如果全局级的变量位于窗体模块,则在调用的时候应当加上窗体名;如果全局级的变量位于标准模块,则在调用的时候可以省略模块名,但是必须保证该变量名是唯一的,否则同样应当加上模块名。

2. 变量的生存期

过程级的变量当退出过程时会被释放,使用模块级或全局级的变量虽然没有这个问题,但是会破坏应用程序各个过程之间的独立性,应当减少使用。有时会面对这样的问题,某一个变量只在某个过程内部使用,但是要求退出过程之后该变量的值能够予以保留,以便在下次继续调用该过程时使用。虽然可以使用模块级或全局级的变量,但更好的办法是使用静态变量。

6.5.3 静态变量

静态变量是使用 Static 关键字声明的变量,可以在退出过程之后仍然保留该变量(但是无法在过程外访问)。相对地,随过程结束而释放的变量称为动态变量。

局部变量声明：

Dim 声明，随过程的调用而分配存贮单元，变量初始化；过程体结束，变量的内容自动消失，存贮单元释放。

Static 声明，每次调用过程，变量保持原来的值。

声明形式：Static 变量名［AS 类型］

Static Function 函数过程名(［参数列表］)［As 类型］

Static Sub 子过程名(［参数列表］)

过程名前加 Static，表示该过程内的局部变量都是静态变量。

静态变量一个典型的应用就是"计数"，即每次调用某一个过程中都给静态变量加1，从而可以计算该过程被调用了多少次。例如：

```
Private Sub Command1_Click( )
    Static num As Integer
    num = num+1
    Print num
End Sub
```

在运行之后，每单击一次 Command1 按钮，num 的值就会加1，从输出的 num 的值可以知道该按钮被单击了多少次。

【例 6-6】运行下面的程序代码，分析运行结果。

```
Private Sub Form_Activate( )
    FontSize = 20
    Dim i As Integer
    For i = 1 To 4
        tests
    Next
End Sub
Sub tests( )
    Dim a As Integer, x As String
    Static b, y
    a = a+1
    b = b+1
    x = x &" * "
    y = y &" * "
    Print
    Print Tab(5); "a="; a, "b="; b, "x="; x, "y="; y
End Sub
```

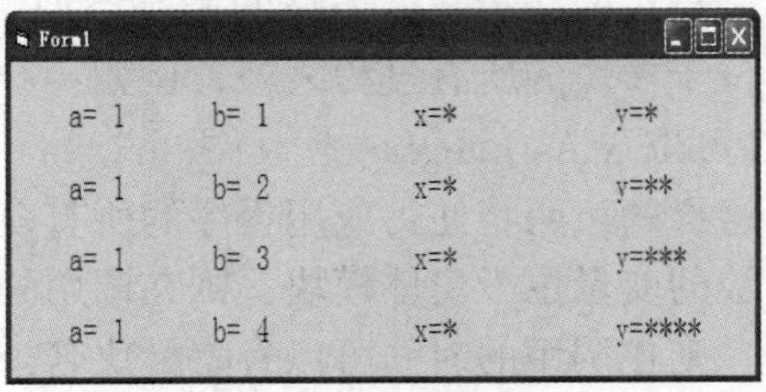

图 6-5　例 6-6 运行结果

分析运行结果：程序运行结果如图 6-5 所示，发现四次调用 tests 过程，变量 b 和 y 的值不一样，而变量 a 和 x 的值相同。这就是因为 Static 发挥了作用。每次调用 tests 过程，用 Static 声明的变量一直存在于程序中，直到程序结束；Dim 声明的变量在每次调用过程结束时，它所占用的内存就被释放，下次调用时重新初始化，而 Static 在整个程序中只被初始化一次。因此，每次调用 tests 过程时，变量 b 和 y 的值使用的都是上次保留的值，而变量 a 和 x 的值使用的都是被重新初始化的值。因此，变量 b 和 y 的值会一直变化下去(不溢出的前提下)，而变量 a 和 x 的值永远是 1 和" * "。

6.6　递归

递归就是某一事物直接地或间接地由自己组成。一个过程直接或间接地调用自身，便构成了过程的递归调用。包含递归调用的过程称为递归过程。构成递归的条件是：
(1) 能够用递归形式描述；
(2) 存在递归结束的边界条件。

【例 6-7】编写一个函数过程 fac，用递归方法求 n!。

在数学上，n! 可以表示为 n(n-1)!，那么过程 fac 的递归表示为：

$$fac(n) = \begin{cases} 1 & n = 1 \\ n \times fac(n-1) & n > 1 \end{cases}$$

fac(1)=1 是终止递归的条件。如果没有这个终止条件，计算将进入死循环。
程序代码如下：

```
Function fac(n As Integer) As Single
    Dim i As Integer
    If n = 1 Then
        fac = 1
    Else
        fac = n * fac(n-1)
    End If
End Function


Private Sub Form_Click()
    Dim m As Integer
    m = InputBox("input data")
    Print fac(m)
End Sub
```

递归求解分为两个阶段。第一个阶段是"递推"，即把求 n! 表示为求(n-1)!，而(n-1)! 仍然不知道，还要"递推"到求(n-2)!……，直到求 1!。此时 1! 已知，不必再"递推"，开始进行"回推"。从 1! 推算出 2!，从 2! 推算出 3!……，直到推算出 n! 为止。递归操作可以分为"递推"和"回推"两个阶段。

【例 6-8】利用递归求最大公约数。

```
Public Function gcd(m As Integer, n As Integer) As Integer
    If m Mod n = 0 Then
        gcd = n
    Else
        gcd = gcd(n, m Mod n)
    End If
End Function
```

```
Private Sub Form_Click( )
    Print gcd(10,4)
End Sub
```

6.7 鼠标与键盘事件过程

鼠标事件是在鼠标单击、双击、移动等操作时触发，键盘事件则是在键盘的某个键按下去时触发。

6.7.1 鼠标事件

鼠标事件是由鼠标动作而引起的。三个基本的鼠标事件是：

- MouseDown 事件：按下鼠标按钮时触发。
- MouseUp 事件：释放鼠标时触发。
- MouseMove 事件：移动鼠标光标时触发。

鼠标事件过程的一般格式是：

Private Sub 对象名_事件名(Button As Integer,Shift As Integer,X As Single,Y As Single)
    事件过程
End Sub

说明：

（1）"对象名"：可以是窗体及能接受鼠标事件的大多数控件。当鼠标指针位于窗体上时，窗体将识别鼠标事件；当鼠标指针在控件上时，控件将识别鼠标事件。

（2）事件名：可以为 MouseDown、MouseUp 或 MouseMove。

（3）参数 Button：是一个整数，是一个由 3 个二进制位组成的位域，分别表示鼠标的 3 个按钮的状态：如果某个按钮按下，其对应的二进制位就被设置为 1，否则为 0。

（4）参数 Shift：描述 Shift、Ctrl 和 Alt 键状态的一个整数，Shift 参数是一个位域，由 3 个二进制位组成，最低位(位 0)表示 Shift 键的状态，中间位(位 1)表示 Ctrl 键的状态，最高位(位 2)表示 Alt 键的状态。

（5）X、Y 参数：表示鼠标指针的坐标位置，X、Y 的值与当前对象的坐标系有关。

6.7.2 键盘事件

键盘事件主要有以下 3 种：

- KeyPress 事件：用户按下对应 ASCII 字符的键时触发。
- KeyDown 事件：用户按下键盘的任意键时触发。
- KeyUp 事件：用户释放键盘的任意键时触发。

1. KeyPress 事件

KeyPress 事件只对 ASCII 码字符的按键有反应，在按下与 ASCII 字符对应的键时触发 KeyPress 事件。这些按键包括标准键盘的字母、数字和标点符号，ENTER、TAB 和 BACK-SPACE 键。KeyDown 和 KeyUp 事件能够检测到 KeyPress 检测不到的其他功能键、编辑键和定位键。

KeyPress 事件过程的一般格式是：

Private Sub 对象名_KeyPress(KeyAscii as Integer)
    事件过程

End Sub

说明：

（1）"对象名"是接受键盘事件的对象的名称，如文本框、窗体等。

（2）KeyAscii 为 KeyPress 事件过程的参数，返回用户所按键的 ASCII 值。如按下小写字母"a"时返回 97，按下大写字母"A"时则返回 65。相应的小写字母 ASCII 值比大写字母大 32。0~9 的 ASCII 值分别为 48~57。

2. KeyDown 事件和 KeyUp 事件

与 KeyPress 事件不同，KeyDown 和 KeyUp 事件是对键盘击键的最低级的响应，它报告了键盘本身的物理状态。换言之，KeyDown 和 KeyUp 事件返回的是"键"，而 KeyPress 事件返回的是"字符"的 ASCII 码。例如，输入大写"A"和小写"a"时，KeyDown 事件都获得"A"的键码，即 KeyDown 事件不区分大小写；而 KeyPress 事件将字母的大小写作为两个不同的 ASCII 字符处理。

KeyDown 事件过程的一般格式是：

Private Sub 对象名_ KeyDown(KeyCode As Integer，Shift As Integer)
    事件过程
End Sub

KeyUp 事件过程的一般格式是：

Private Sub 对象名_ KeyUp(KeyCode As Integer，Shift As Integer)
    事件过程
End Sub

说明：

（1）"对象名"是窗体和能接受键盘事件的控件的名称。

（2）参数 KeyCode 是所按键的键码。

（3）Shift 参数用来监测键盘上 Shift、Ctrl 和 Alt 键的状态，与鼠标事件的 Shift 参数相同。

6.8 综合应用案例

6.8.1 案例1—过程常用算法

1. 案例效果

程序运行界面如图 6-6 所示，单击"产生 10 个 [60，150] 间整数"按钮，可以在列表框中显示 10 个数据。然后，可以随意单击"求 10 个数的最大值和位置"、"求 10 个数的最小值和位置"、"求 10 个数的最大公约数"、"求 10 个数中素数的个数"、"在 10 个数中查找某个数"按钮，单击不同的按钮将弹出对话框显示不同的结果，最后单击"结束"按钮结束整个工程。

2. 应用要点

本案例首先使用随机函数生成 10 个 [60，150] 之间的随机整数，放到一维数组中。然后可以求出

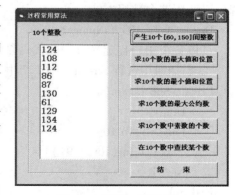

图 6-6　案例 1 运行界面

这 10 个数的最大值和位置、最小值和位置、最大公约数和素数的个数等，还可以在 10 个数中查找某个数是否存在。具体涉及以下几部分内容。

（1）Sub 子过程和 Function 函数过程的创建和调用

（2）传值参数与传址参数的定义格式及使用方法

（3）常用算法

① 求最大值和最小值。

② 求素数。

③ 求最大公约数。

④ 在数组中查找一个数是否存在。

3．操作步骤

（1）界面设计

启动 VB 后参照图 6-6 的运行界面，在窗体上添加 7 个命令按钮、1 个框架和 1 个列表框控件。

（2）设置对象属性

要想具有图 6-6 的初始效果，还需进行表 6-1 所列的静态属性的设置。

表 6-1　属性表

对象名	对象属性名	属性值
Form1	Caption	过程常用算法
Command1	Caption	产生 10 个[60，150]间整数
Command2	Caption	求 10 个数的最大值和位置
Command3	Caption	求 10 个数的最小值和位置
Command4	Caption	求 10 个数的最大公约数
Command5	Caption	求 10 个数中素数的个数
Command6	Caption	在 10 个数中查找某个数
Command7	Caption	结束
Frame1	Caption	10 个整数

（3）编写代码

首先定义一个窗体模块级的数组 x，用来存放 10 个数，窗体中的通用过程和事件过程都可以使用这个数组。

Dim x(1 To 10) As Integer

具体各个用户自定义过程的代码参照如下：

① 添加通用过程 ranxm，用于产生 10 个[60，150]间的随机整数。

```
Private Sub ranxm( )
    Dim i%
    For i = 1 To 10
        x(i) = Int(Rnd * 91) +60
    Next i
End Sub
```

② 添加通用过程 max_station，用于求 x 中的最大值下标。

```
Private Function max_station( ) As Integer
    Dim i% , k%
    k = 1
    For i = 2 To 10
       If x( i) > x( k) Then k = i
    Next i
    max_station = k
End Function
```

③ 添加通用过程 min_station，用于求 x 中的最小值下标。

```
Private Function min_station( ) As Integer
    Dim i% , k%
    k = 1
    For i = 2 To 10
       If x( i) < x( k) Then k = i
    Next i
    min_station = k
End Function
```

④ 添加通用过程 gcd，用于求两个整数的最大公约数。

```
Private Function gcd( ByVal m As Integer , ByVal n As Integer) As Integer
    Dim r%
    Do
       r = m Mod n
       m = n
       n = r
    Loop While r <> 0
    gcd = m
End Function
```

⑤ 添加通用过程 prime，判断 m 是否为素数，是素数返回 1，不是素数返回 0。

```
Private Function prime( ByVal m As Integer) As Integer
    Dim i%
    prime = 1
    For i = 2 To m-1
       If m Mod i = 0 Then
          prime = 0
          Exit Function
       End If
    Next i
End Function
```

⑥ 添加通用过程 prime_num，用于求出 x 数组中素数的个数。

```
Private Function prime_num( ) As Integer
    Dim i% , k%
```

```
        k = 0
        For i = 1 To 10
            If prime(x(i)) = 1 Then k = k+1
        Next i
        prime_num = k
End Function
```

⑦ 添加通用过程 find,用于查找 m 在 x 数组中是否存在。

```
Private Function find(ByVal m As Integer) As Boolean
        Dim i% , k As Boolean
        k = False
        For i = 1 To 10
            If x(i) = m Then
                k = True
                Exit For
            End If
        Next i
        find = k
End Function
```

程序中各个命令按钮的单击事件编写代码参照如下:

```
Private Sub Command1_Click()
        Call ranxm ' 产生 10 个[60,150]间的随机整数放到 a 数组中
        List1. Clear
        For i = 1 To 10 ' 在列表框中显示 a 数组中的 10 个数
            List1. AddItem x(i)
        Next i
End Sub


Private Sub Command2_Click()
        Dim s As String
        s = "最大值 = " & Str(x(max_station())) & Chr(10) & Chr(13)
        s = s & Chr(10) & Chr(13) & "最大值位置 = " & Str(max_station())
        MsgBox s
End Sub


Private Sub Command3_Click()
        Dim s As String
        s = "最小值 = " & Str(x(min_station())) & Chr(10) & Chr(13)
        s = s & Chr(10) & Chr(13) & "最小值位置 = " & Str(min_station())
        MsgBox s
End Sub
```

90

```
Private Sub Command4_Click( )
    Dim i% ,t%
    t = gcd( x( 1 ) ,x( 2 ) )
    For i = 3 To 10
        t = gcd( x( i ) ,t )
    Next i
    MsgBox"10 个数的最大公约数是:" & Str( t )
End Sub


Private Sub Command5_Click( )
    Dim num%
    num = prime_num( )' 找到的素数的个数
    MsgBox" 素数的个数是:" & Str( num )
End Sub


Private Sub Command6_Click( )
    Dim m As Integer ,result As Boolean
    m = Val( InputBox( " 请输入查找数 m 的值:" ) )
    result = find( m )
    If result = True Then
        MsgBox" 在 10 个数中找到了" & Str( m )
    Else
        MsgBox" 在 10 个数中没有找到" & Str( m )
    End If
End Sub


Private Sub Command7_Click( )
    End
End Sub
```

6.8.2 案例2—学生竞赛成绩排名

1. 案例效果

程序运行时首先单击"输入成绩"按钮,弹出
一个输入框,要求输入学生的人数,人数输入后单
击对话框上的"确定"按钮,接着要求输入这些学
生的学号、姓名和竞赛成绩。输入成绩后,单击
"求平均值"按钮,将会弹出一个消息框,显示这
些学生的平均成绩。

单击"按成绩排名"按钮,可以按成绩由高到
低的顺序排序,最后单击"结束"按钮,结束整个

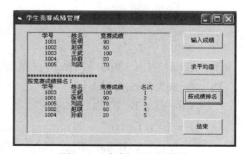

图 6-7　案例 2 运行效果

程序。运行效果如图 6-7 所示。

2. 应用要点

本案例主要功能是求某班学生竞赛成绩的平均值，并按竞赛成绩的高低进行排名。其中用到了用户自定义类型和递归过程。

（1）用户自定义类型

程序中变量的定义都是基本数据类型。但是在实际应用中，有时候，所处理的对象往往由一些互相关联的、不同类型的数据项组合而成。虽然可以将数组声明为 Variant 型，从而使各个数组元素存放不同的数据类型的数据，但是，这样会降低应用程序的运行速度，为了既能够表示和处理不同类型的数据，又不至于降低应用程序的运行速度，可以将这些描述同一对象的各种类型数据声明为用户自定义数据类型。

（2）递归

求学生竞赛成绩的平均值时，用递归函数求学生竞赛成绩的总和。

（3）排序算法

排序算法有很多种，前面介绍过冒泡法、顺序法、选择法，这里介绍插入法排序。

插入法 1：将一个数插入到有序的（由小到大）数列中，插入后数列仍然有序。

```
Private Sub Form_Click()
    Dim x(1 To 11)As Integer
    m=4
    For i=1 To m
        x(i)=Val(InputBox("输入一个数"))
    Next i
    Key=Val(InputBox("输入一个数"))
    i=1
    While(Key>=x(i)And i<=m)
        i=i+1
    Wend
    For k=m To i Step-1
        x(k+1)=x(k)
    Next k
    x(i)=Key ;m=m+1
    For i=1 To m
        Print x(i);
    Next i
End Sub
```

插入法 2：用上面的插入法将一批数排序（从小到大），设数列中开始只有一个元素。

```
Private Sub Form_Click()
    Dim x(1 To 10)As Integer
    For i=1 To 10
        x(i)=Val(InputBox("输入一个数"))
    Next i
```

92

```
    For i = 1 To 9
        Key = x(i+1) : j = 1
        While(Key > = x(j) And j < = i)
            j = j+1
        Wend
        For k = i To j Step -1
            x(k+1) = x(k)
        Next k
        x(j) = Key
    Next i
    For i = 1 To 10
        Print x(i) ;
    Next i
End Sub
```

3. 操作步骤

（1）界面设计

在窗体上添加 4 个命令按钮和 1 个图片框。

（2）设置属性

表 6-2 列出了对象的静态属性设置。

表 6-2　属性表

对象名	对象属性名	属性值
Form1	Name	Stu_ C
	Caption	学生竞赛成绩管理
	AutoRedraw	True
Command1	Caption	输入成绩
Command2	Caption	求平均值
Command3	Caption	按成绩排名
Command4	Caption	结束
Picture1	AutoRedraw	True

（3）编写代码

本案例的实现需要一个窗体文件和一个模块文件。在 VB 集成开发环境中，使用"工程 | 添加模块"命令，即可添加一个模块文件。在此模块文件中定义表示学生信息的自定义类型 student，同时定义这种类型的动态数组 a 和表示学生人数的变量 n，代码如下：

```
Public Type student
    num As Integer
    name As String * 10
    score As Single
End Type
Public a( ) As student
```

```
Public n As Integer
```
① 定义一个实现对 n 个数求和递归过程
```
Public Function sum(x( )As student,n As Integer)As Single
    Dim t As Single
    If n=1 Then
        t=x(1). score
    Else
        t=sum(x,n-1)+x(n). score
    End If
    sum=t
End Function
```
② 定义一个实现对 n 个数排序的子过程
```
Public Sub sort(x( )As student,n As Integer)
    Dim i As Integer,j As Integer
    Dim t As student
    For i=1 To n-1
        Key=x(i+1):j=1
        While(Key>=x(j)And j<=i)
            j=j+1
        Wend
        For k=i To j Step-1
            x(k+1)=x(k)
        Next k
        x(j)=Key
    Next i
End Sub
```
模块文件代码编写完,下面接着编写窗体模块的代码,具体代码参考如下:
① 编写输入成绩按钮的单击事件,用来输入 n 个学生的有关信息,并显示在图片框中。
```
Private Sub Command1_Click( )
    Dim s As String
    n=Val(InputBox("请输入学生的人数","学生竞赛成绩"))
    ReDim a(n)As student
    For i=1 To n
        s="请输入第" & Trim(str(i)) & "个学生"
        a(i). num=Val(InputBox(s & "学号","学生竞赛成绩"))
        a(i). name=InputBox(s & "名字","学生竞赛成绩")
        a(i). score=Val(InputBox(s & "成绩","学生竞赛成绩"))
    Next i
    Picture1. Cls
    Picture1. Print Tab(6);"学号"; Tab(16);"姓名"; Tab(26);"竞赛成绩"
```

```
      For i=1 To n
          Picture1. Print Tab(6); a(i). num; Tab(16); a(i). name; Tab(26); a(i). score
      Next i
End Sub
```
② 编写求平均值按钮的单击事件，调用求和函数过程，求出成绩的平均值
```
Private Sub Command2_Click( )
      Dim average As Single
      average=sum(a( ),n)/n
      MsgBox"平均成绩是:"& str(average)
End Sub
```
③ 编写按成绩排名按钮的单击事件，把排的名次显示在图片框中。
```
Private Sub Command3_Click( )
      Call sort(a( ),n)
      Picture1. Print
      Picture1. Print" * * * * * * * * * * * * * * * * * * * * * * * * "
      Picture1. Print"按竞赛成绩排名:"
      Picture1. Print Tab(6);"学号";Tab(16);"姓名";Tab(26);"竞赛成绩";Tab(36);"名次"
      For i=1 To n
          Picture1. Print Tab(6); a(i). num; Tab(16); a(i). name; Tab(26); a(i). score;
Tab(40); i
      Next i
End Sub
```
④ 编写结束按钮的单击事件
```
Private Sub Command4_Click( )
      End
End Sub
```

6.8.3 案例 3—数制转换

1. 案例效果

程序运行时看到如图 6-8 所示的界面，首先在文本框中输入一个合法整数，然后在下面的组合框中选择转换形式，接着单击"开始转换"按钮，则在右侧的标签中显示转换结果。

图 6-8 程序运行界面

2. 应用要点

整数间的进制转换包括二进制、八进制、十六进制和十进制之间的转换。这里主要涉及到以下两个主要算法：

（1）十进制整数 m 转换为 r 进制数（r 可以是二、八、十六）

转换方法：将 m 不断除以 r 取余数，直到商为零，以反序得到结果。下面给出了一个转换函数，参数 idec 为十进制数，ibase 为要转换的进制数（如二进制、八进制、十六进制），函数输出结果是字符串。

（2）r 进制数（r 可以是二、八、十六）转换为十进制数

转换方法：从 r 进制数的最低位（最右端）开始，依次将各位数字乘以 r^{n-1}（从右往左，n 依次取 1，2…），并依次相加。下面给出了一个转换函数，参数 StrDecR 为 r 进制数的值，类型为字符串，ibase 为已知的 r 进制数（如二进制，八进制，十六进制），函数输出结果是转换后的十进制整数。

3. 操作步骤

（1）界面设计

启动 VB，新建一个工程，在工具箱中选择所需控件，添加到窗体上。最后设计程序界面如图 6-9 所示，在窗体上添加 3 个框架控件、1 个文本框控件、1 个组合框控件、1 个标签控件、3 个命令按钮控件。

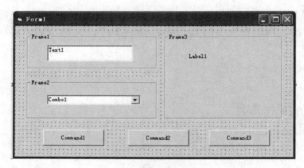

图 6-9　程序设计界面

（2）设置对象属性

各对象的标题属性参照图 6-8 进行设置。

（3）编写代码

各个用户自定义过程的代码参照如下：

① 添加通用过程 Ten_ ibase，用于实现十进制整数转换为二进制数、八进制数、十六进制数，代码参考如下：

```
Private Function Ten_ibase( idec As Integer,ibase As Integer) As String
    Dim StrDecR $ ,iDecR%
    StrDecR = " "
    Do While idec<> 0
       iDecR = idec Mod ibase
       If iDecR> = 10 Then
          StrDecR = Chr $ (65+iDecR-10)& StrDecR
       Else
```

96

```
            StrDecR = iDecR & StrDecR
          End If
          idec = idec \ ibase
      Loop
      Ten_ibase = StrDecR
  End Function
```

② 添加通用过程 Ibase_ten, 用于实现二进制数、八进制数、十六进制数转换为十进制整数, 代码参考如下:

```
  Private Function Ibase_ten(StrDecR $ ,ibase%) As Integer
      Dim n% ,i% ,j%
      n = 0
      j = Len(Trim(StrDecR))
      For i = 1 To j
        t = Mid(StrDecR,j-i+1,1)
        If Asc(t)>=65 And Asc(t)<=70 Then
          m = Asc(t)-55
        Else
          m = Val(t)
        End If
        n = n+m * ibase ^(i-1)
      Next i
      Ibase_ten = n
  End Function
```

程序中各个事件编写代码参照如下:

```
  Private Sub Command1_Click()
      Dim flag% ,temp% ,str $
      flag = Combo1. ListIndex
      Label1. Caption = Text1. Text & Combo1. Text &"是:" & Chr(10)& Chr(13)
      Select Case flag
        Case 0
          str = Ten_ibase(Val(Text1. Text) ,2)
          Label1. Caption = Label1. Caption & str
        Case 1
          str = Ten_ibase(Val(Text1. Text) ,8)
          Label1. Caption = Label1. Caption & str
        Case 2
          str = Ten_ibase(Val(Text1. Text) ,16)
          Label1. Caption = Label1. Caption & str
        Case 3
          temp = Ibase_ten(Trim(Text1. Text) ,2)
```

```vb
            str = Ten_ibase(temp,8)
            Label1. Caption = Label1. Caption & str
        Case 4
            temp = Ibase_ten(Trim(Text1. Text),2)
            Label1. Caption = Label1. Caption & Str(temp)
        Case 5
            temp = Ibase_ten(Trim(Text1. Text),2)
            str = Ten_ibase(temp,16)
            Label1. Caption = Label1. Caption & str
        Case 6
            temp = Ibase_ten(Trim(Text1. Text),8)
            str = Ten_ibase(temp,2)
            Label1. Caption = Label1. Caption & str
        Case 7
            temp = Ibase_ten(Trim(Text1. Text),8)
            Label1. Caption = Label1. Caption & Str(temp)
        Case 8
            temp = Ibase_ten(Trim(Text1. Text),8)
            str = Ten_ibase(temp,16)
            Label1. Caption = Label1. Caption & str
        Case 9
            temp = Ibase_ten(Trim(Text1. Text),16)
            str = Ten_ibase(temp,2)
            Label1. Caption = Label1. Caption & str
        Case 10
            temp = Ibase_ten(Trim(Text1. Text),16)
            str = Ten_ibase(temp,8)
            Label1. Caption = Label1. Caption & str
        Case 11
            temp = Ibase_ten(Trim(Text1. Text),16)
            Label1. Caption = Label1. Caption & Str(temp)
    End Select
End Sub

Private Sub Command2_Click()
    Text1. Text = ""
End Sub

Private Sub Command3_Click()
    End
```

```
End Sub

Private Sub Form_Load( )
    With Combo1
        .AddItem" 十进制转化为二进制"
        .AddItem" 十进制转化为八进制"
        .AddItem" 十进制转化为十六进制"
        .AddItem" 二进制转化为八进制"
        .AddItem" 二进制转化为十进制"
        .AddItem" 二进制转化为十六进制"
        .AddItem" 八进制转化为二进制"
        .AddItem" 八进制转化为十进制"
        .AddItem" 八进制转化为十六进制"
        .AddItem" 十六进制转化为二进制"
        .AddItem" 十六进制转化为八进制"
        .AddItem" 十六进制转化为十进制"
        .ListIndex = 0
    End With
End Sub
```

小结

本章主要介绍了 Sub 子过程和 Function 函数过程的定义及其应用；参数的类型；参数的传递方式；变量、过程的作用域；递归函数的定义及应用；使用过程解决问题的一些常用算法。

习题

6-1　选择题

（1）Sub 过程与 Function 过程最根本的区别是_____。

A. 前者可以使用 Call 或直接使用过程名调用，后者不可以。

B. 后者可以有参数，前者不可以

C. 两种过程参数的传递方式不同

D. 前者无返回值，但后者有返回值

（2）以下关于过程及过程参数的描述中，错误的是_____。

A. 过程的参数可以是控件名称

B. 用数组作为过程的参数时，使用的是"传地址"方式

C. 只有函数过程能够将过程中处理的信息传回到调用的程序中

D. 窗体可以作为过程的参数

（3）用 Dim 语句声明的变量，其作用域不可能为_____。

A. 过程　　　　　B. 窗体模块　　　　　C. 标准模块　　　　　D. 整个应用程序

（4）根据变量的作用域，可以将变量分为 3 类，它们是_____。

    A. 局部变量、窗体/模块变量和标准变量

    B. 局部变量、窗体/模块变量和全局变量

    C. 局部变量、模块变量和窗体变量

    D. 局部变量、标准变量和全局变量

（5）以下叙述中正确的是_____。

    A. 一个 Sub 过程至少要有一个 Exit Sub 语句

    B. 一个 Sub 过程必须要有一个 End Sub 语句

    C. 可以在 sub 过程中定义一个 Function 过程，但不能定义 Sub 过程

    D. 调用一个 Function 过程可以获得多个返回值

（6）以下关于函数过程的叙述中，正确的是_____。

    A. 如果不指明函数过程参数的类型，则该参数没有数据类型

    B. 函数过程的返回值可以有多个

    C. 当数组作为函数过程的参数时，既能以传值方式传递，也能以引用方式传递

    D. 函数过程形参的类型与函数返回值的类型没有关系

6-2 判断题

（1）如果过程的一个形参使用了 ByRef 修饰，且调用时相应的实参是一个变量，则实参变量的数据类型必须与形参相同。

（2）因为函数过程有返回值，所以只能用在表达式中，不能使用 Call 语句调用。

（3）事件过程只能在事件发生时由系统调用，不能在程序中使用代码直接调用。

（4）使用 Static 关键字定义的通用过程中过程级变量都为静态变量。

（5）在窗体模块中，不能定义全局通用过程。

（6）在函数过程中，如果不给函数名赋值，则函数不返回任何值。

（7）定义通用过程时有几个形参，则调用该过程时必须提供几个实参。

（8）使用命名参数调用通用过程时，实参的顺序可以不与相应的形参相同。

6-3 填空题

（1）在过程调用中，参数的传递方式可分为按值传递和按地址传递两种，其中_____是默认方式。使用_____关键字来修饰形参，可以使之按值传递。

（2）阅读下面程序，当 Temp 过程形参前有 ByVal 关键字时，单击窗体，在窗体上显示的第一行内容是_____，第二行内容是_____。若将形参表中的 ByVal 关键字删除，再执行本程序，单击窗体后在窗体上显示的第一行内容是_____，第二行内容是_____。

```
Private Sub Temp(ByVal s As Integer,ByVal t As Integer)
    s=s*3
    t=t-2
    Print s,t
End Sub
Private Sub Form_Click()
Dim a As Integer,b As Integer
    a=20
    b=30
```

```
        Call Temp(a,b)
        Print a,b
    End Sub
```

（3）下面是一个按钮的事件过程，过程中调用了自定义函数。单击按钮在窗体上输出的结果第一行是_____，第五行是_____。

```
Private Sub Form_Click()
Dim a As Integer,b As Integer
Dim n As Integer,t As Integer
    a=1
    b=1
    For n=1 To 6
        t=f(a,b)
        Print n,t
    Next
End Sub


Private Function f(a As Integer,b As Integer)As Integer
    Dim n As Integer
    Do While n<=4
        a=a+b
        n=n +1
    Loop
        f=a
End Function
```

6-4 编程题

（1）编写判断某年是否为闰年的函数。该函数有一个整型参数表示年份，返回值为逻辑型，当该年份是闰年时，函数返回值为 True，否则返回 False。

（2）编写递归函数求 $1+2+3+\cdots+n$ 的值。

（3）编写函数 fun，函数的功能是：计算并输出给定整数 n 的所有因子之和（不包括 1 与自身）。规定 n 的值不大于 1000。例如：n 的值为 855 时，应输出 704。

（4）一小球从 100 米高处自由落下，落到水平面上后又反弹，每次反弹的高度是前一次高度的一半。编写函数 S(n As Integer)As Single，返回值为第 n 次反弹到最高点时所经过的总路程。

（5）编写函数过程，用来生成如下形式的杨辉三角形。

```
1
1    1
1    2    1
1    3    3    1
1    4    6    4    1
```

101

第7章 常用内部控件

VB 是一种面向对象的程序设计语言，控件是界面设计的重要组成部分。程序设计人员在编写程序时，拖动所需的控件到窗体上，然后对控件进行一系列的属性设置和编写相应的事件过程即可。在 VB 中，控件分为三大类：标准控件、ActiveX 控件和可插入对象。标准控件又称为内部控件，在工具箱上默认显示，不能由用户自由添加或删除。ActiveX 控件和可插入对象可以由用户添加到工具箱上或从工具箱上删除。本章主要讲解常用的内部控件和几种 ActiveX 控件的用法。

7.1 单选按钮和复选框

在实际应用中，对于一些受限或固定的内容录入，用户往往希望能直接提供选项，方便用户选择录入。VB 提供了单选按钮和复选框来实现这一功能，当然列表框和组合框也可以实现这一功能，我们将在 7.3 节给大家做详细的介绍。

单选按钮(OptionButton)和复选框(CheckBox)通常都是成组出现的，供用户从中选择其中之一或同时选择多个选项。

7.1.1 单选按钮

单选按钮(OptionButton)也称作选择按钮。一组单选按钮控件可以提供一组彼此相互排斥的选项，任何时刻用户只能从中选择一个选项，实现一种"单项选择"的功能，被选中项目左侧的圆圈中会出现一黑点。

1. 主要属性

(1) Caption 属性

设置单选按钮的文本注释内容。

(2) Alignment 属性

设置标题和按钮的显示位置。若取值为 0，表示按钮在左边，标题显示在右边；若取值为 1，表示按钮在右边，标题显示在左边。

(3) Value 属性

决定单选按钮的选中状态，是默认属性。取值为逻辑类型，True 表示单选钮被选定；False 表示单选钮未被选定(缺省设置)。

(4) Style 属性

表示单选按钮的显示方式，用于改善视觉效果。若取值 0—Standard，表示标准方式显示；若取值为 1—Graphical，表示图形方式显示。

2. 主要事件

Click 事件是单选按钮控件最基本的事件，一般情况用户无需为单选按钮编写 Click 事件过程，因为当用户单击单选按钮时，它会自动改变状态。

【例 7-1】利用文本框输入圆的半径 r，通过单选按钮，选择计算圆的周长、面积和球的体积，计算结果通过标签显示出来。程序运行界面如图 7-1 所示。

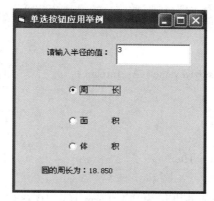

图 7-1 单选按钮应用举例

按要求建立程序界面，其对象的属性设置见表 7-1。

表 7-1 属性表

对象名	属性名	属性值
Form1	Caption	单选按钮应用举例
Label1	Caption	请输入半径的值：
Option1	Caption	周长
Option2	Caption	面积
Option3	Caption	体积

程序代码如下：

```
Const PI = 3. 1415926
Private Sub Option1_Click( )
    Dim r As String
    r = Val( Text1. Text)
    n = 2 * PI * r
    Label1. Caption = "圆的周长为:" & Format( Str( n) ,"0. 000" )
End Sub

Private Sub Option2_Click( )
    Dim r As String
    r = Val( Text1. Text)
    n = PI * r * r
    Label1. Caption = "圆的面积为:" & Format( n ,"0. 000" )
End Sub

Private Sub Option3_Click( )
    Dim r As String
    r = Val( Text1. Text)
```

```
    n = 4 * PI * r * r * r/3
    Label1. Caption = "球的体积为:" & Format(n, "0. 000")
End Sub


Private Sub Text1_KeyPress(KeyAscii As Integer)
    Dim r As String
    If KeyAscii = 13 Then
        r = Val(Text1. Text)
        If Option1. Value = True Then
            n = 2 * PI * r
            Label1. Caption = "圆的周长为:" & Format(n, "0. 000")
        ElseIf Option2. Value = True Then
            n = PI * r * r
            Label1. Caption = "圆的面积为:" & Format(n, "0. 000")
        ElseIf Option3. Value = True Then
            n = 4 * PI * r * r * r/3
            Label1. Caption = "球的体积为:" & Format(n, "0. 000")
        End If
    End If
End Sub
```

7.1.2 复选框

复选框(CheckBox)也称作检查框、选择框。一组复选框控件可以提供多个选项，它们彼此独立工作，所以用户可以同时选择任意多个选项，实现一种"不定项选择"的功能。选择某一选项后，该控件前面的方框将显示√，而清除此选项后，√消失。

1. 主要属性

Caption、Alignment、Style 属性的含义与单选按钮相同。

Value 属性与单选按钮不同，取值为数值类型，0—Unchecked 表示未被选定；1—Checked 表示选定；2—Grayed 图标为灰色，表示禁止选择。

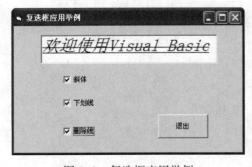

图7-2 复选框应用举例

2. 主要事件

Click 事件是复选框控件最基本的事件。它可以改变复选框 Value 属性的值，在 0 和 1 之间变化。

3. 应用举例

【例7-2】设计一个应用程序，窗体上由1个文本框、1个命令按钮和3个复选框组成，通过单击复选框来修改文本框中文字的效果，运行结果如图7-2所示。

按要求建立程序界面，其对象的属性设置见表7-2。

表 7-2   属性表

对象名	属性名	属性值
Form1	Caption	复选框应用举例
Text1	Text	欢迎使用 Visual Basic
	FontSize	22
Command1	Caption	退出
Check1	Caption	斜体
Check2	Caption	下划线
Check3	Caption	删除线

程序代码如下：

```
Private Sub Check1_Click( )
    If Check1. Value = 1 Then
        Text1. FontItalic = True
    Else
        Text1. FontItalic = False
    End If
End Sub


Private Sub Check2_Click( )
    If Check2. Value = 1 Then
        Text1. FontUnderline = True
    Else
        Text1. FontUnderline = False
    End If
End Sub


Private Sub Check3_Click( )
    If Check3. Value = 1 Then
        Text1. FontStrikethru = True
    Else
        Text1. FontStrikethru = False
    End If
End Sub


Private Sub Command1_Click( )
    End
End Sub
```

7.2 框架

框架的主要作用是可以在同一窗体中建立几组相互独立的单选按钮，这样在一个框架内的单选按钮为一组，对它们的操作不会影响框架以外的单选按钮。另外，对于其他类型的控件也可以用框架，提供视觉上的区分和总体的屏蔽或激活特性。

1. 主要属性

（1）Caption 属性

设置框架的标题内容。

（2）Enabled 属性

设置框架内的控件是否可用。若取值为 False，此时框架标题呈灰色，不允许对框架内的所有对象进行操作。

（3）Visible 属性

设置框架内的控件是否可见。若取值为 True，表示框架及其控件可见；若取值为 False，表示框架及其控件被隐藏起来。

框架可以响应 Click 和 DblClick 事件。但一般不需要编写框架的事件过程。

2. 框架内控件的创建方法

方法 1：单击工具箱上的控件图标，然后用出现的"+"指针，在框架中适当位置拖拉出适当大小的控件。

方法 2：对于已创建好的控件，可将控件"剪切"（Ctrl+X）到剪贴板，然后选中框架，使用（Ctrl+V）命令粘贴到框架内。

7.3 列表框和组合框

列表框（ListBox）和组合框（ComboBox）的主要用途在于提供列表式的多个数据项供用户选择。列表框中的选项只能从中选择，不能直接修改其中的内容。

7.3.1 列表框（ListBox）

在列表框（ListBox）中放入若干项的名字，用户可以通过单击某一项或多项来选择自己所需要的项目。如果放入的数据项较多，超过了列表框设计时可显示的项目数，则系统会自动在列表框右侧加一个垂直滚动条。

1. 主要属性

（1）List 属性

List 属性是一个字符串数组，用来保存列表框中的各个数据项内容。List 数组的下标从 0 开始，即 List(0)保存表中的第一个数据项的内容，List(1)保存第二个数据项的内容，依此类推，List(List1. ListCount−1)保存表中的最后一个数据项的内容。

（2）Text 属性

用于存放被选中列表项的文本内容。该属性是只读的，不能在属性窗口中设置，也不能在程序中设置，只用于获取当前选定的列表项的内容。可在程序中引用 Text 属性值。

（3）ListCount 属性

ListCount 属性记录了列表框中的数据项数，该属性只能在程序中引用。

（4）ListIndex 属性

ListIndex 属性是 List 数组中，被选中的列表项的下标值（即索引号）。如果用户选择了多个列表项，则 ListIndex 存放的是最后所选列表项的索引号；如果用户没有从列表框中选择任何一项，则 ListIndex 为−1。程序运行时，可以使用 ListIndex 属性判断列表框中哪一项被选中。例如，在列表框 List1 中选中第 2 项，即 List1 的 List 数组的第 2 项，则 List1. ListIndex = 1（ListIndex 值从 0 开始）。ListIndex 属性不能在设计时设置，只有程序运行时才起作用。

（5）Selected 属性

该属性是一个逻辑数组，其元素对应列表框中相应的项。表示相应的项在程序运行期间是否被选中。例如，Selected(0)的值为 True，表示第一项被选中；如为 False，表示第一项未被选中。

（6）Sorted 属性

决定列表框中项目在程序运行期间是否按字母顺序排列显示。Sorted 值为 True，则按字母顺序排列显示；如为 False，则按项目加入的先后顺序排列显示。

（7）MultiSelect(多选择列表项)属性

该属性值表明是否能够在列表框控件中进行复选以及如何进行复选。它决定用户是否可以在控件中做多重选择，该属性必须在设计时设置，运行时只能读取该属性的值。

值为 None 时禁止多项选择；值为 Simple 时表示简单多项选择，鼠标单击或按空格键表示选定或取消一个选择项；值为 Extended 时表示扩展多项选择，按住 Ctrl 键同时用鼠标单击或按空格键表示选定或取消一个选择项，按住 Shift 键同时单击鼠标，或者按住 Shift 键并且移动光标键，可以选定多个连续项。

2. 主要方法

（1）AddItem 方法

该方法向一个列表框中加入列表项，其语法是：

对象名 . AddItem 字符串表达式[，Index]

如果省略 Index 就将"字符串表达式"添加到列表框中的最后，否则添加到相应的位置。

（2）RemoveItem 方法

该方法用于删除列表框中的列表项，其语法是：

对象名 . RemoveItem Index

其中的 Index 表示要删除的列表项的下标，即删除某项时要指明要删除项的下标。

（3）Clear 方法

该方法删除列表框控件中的所有列表项。其语法是：

对象名 . Clear

3. 常用事件

列表框支持 Click 和 DblClick 事件。

【例 7-3】设计一个简单的学生选课程序，可以实现对课程的添加、删除和清空，运行界面如图 7-3 所示。学生在公共选课列表中选中一门课，单击"添加"按钮，将所选课添加到学生选课列表中；当选中学生选课列表中某门课程时，可以单击"删除"按钮，删除所选课程；"清空"按钮可清除学生所选全部课程。

按要求建立程序界面，其对象的属性设置见表 7-3。

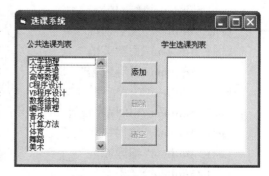

图 7-3　列表框应用举例

表 7-3　属性表

对象名	属性名	属性值
Form1	Caption	选课系统
Label1	Caption	公共选课列表
Label2	Caption	学生选课列表
Command1	Caption	添加
Command2	Caption	删除
	Enabled	False
Command3	Caption	清空
	Enabled	False

程序代码如下：

```
Private Sub Command1_Click( )
    List2. AddItem List1. List( List1. ListIndex)
    If Command2. Enabled = False Then Command2. Enabled = True
    If Command3. Enabled = False Then Command3. Enabled = True
End Sub


Private Sub Command2_Click( )
    If List2. ListIndex = -1 Then
    MsgBox" 请选择要删除项!"
    Else
    List2. RemoveItem List2. ListIndex
    End If
End Sub


Private Sub Command3_Click( )
    List2. Clear
End Sub


Private Sub Form_Load( )
    List1. AddItem" 大学物理"
    List1. AddItem" 大学英语"
    List1. AddItem" 高等数据"
    List1. AddItem" C 程序设计"
    List1. AddItem" VB 程序设计"
    List1. AddItem" 数据结构"
    List1. AddItem" 编译原理"
    List1. AddItem" 音乐"
    List1. AddItem" 计算方法"
```

108

List1. AddItem" 体育"

List1. AddItem" 舞蹈"

List1. AddItem" 美术"

List1. AddItem" 写作"

End Sub

7.3.2 组合框(ComboBox)

组合框(ComboBox)是一种兼有列表框和文本框功能的控件。它可以像列表框一样，让用户通过鼠标选择所需要的项目；也可以像文本框一样，用键入的方式输入所需的项目。

列表框和组合框共有的重要属性包括 List、ListIndex、ListCount、Sorted 和 Text 等；列表框的特有属性包括 Selected 和 MultiSelect；组合框的特有属性为 Style。

1. 组合框的 Style 属性

Style 属性值为 0 时表示下拉式组合框；属性值为 1 时表示简单组合框；属性值为 2 时表示下拉式列表框，如图 7-4 所示。下拉式组合框和简单组合框既可以输入，也可选择已有的选项；下拉式列表框不能输入，只能选择已有的选项。

(a) 下拉式组合框　　　　　(b) 简单组合框　　　　　(c) 下拉式列表框

图 7-4　组合框的 3 种形式

2. 主要方法

组合框与列表框一样，都具有 AddItem、RemoveItem 和 Clear 方法。

3. 常用事件

组合框支持 Click 事件，只有简单组合框才有 DblClick 事件。

【例 7-4】设计一个应用程序，窗体上由 1 个文本框、3 个标签和 3 个组合框组成，通过选择组合框来确定文本框中的字体、字号和字的颜色，运行结果如图 7-5 所示。

按要求建立程序界面，其对象的属性设置见表 7-4。

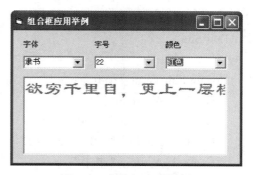

图 7-5　组合框应用举例

表 7-4　属性表

对象名	属性名	属性值
Form1	Caption	组合框应用举例
Text1	Text	欲穷千里目，更上一层楼！
ComBo1	Style	2

对象名	属性名	属性值
ComBo2	Style	0
ComBo3	Style	2
Label1	Caption	字体
Label2	Caption	字号
Label3	Caption	颜色

程序代码如下：

```
Private Sub Combo1_Click( )
    Text1. FontName = Combo1. Text
End Sub


Private Sub Combo2_Click( )
    Text1. FontSize = Combo2. Text
End Sub


Private Sub Combo3_Click( )
    If Combo3. Text = "黑色" Then
        Text1. ForeColor = vbBlack
    ElseIf Combo3. Text = "红色" Then
        Text1. ForeColor = vbRed
    ElseIf Combo3. Text = "蓝色" Then
        Text1. ForeColor = vbBlue
    ElseIf Combo3. Text = "绿色" Then
        Text1. ForeColor = vbGreen
    End If
End Sub


Private Sub Form_Load( )
    Combo1. AddItem" 黑体"
    Combo1. AddItem" 宋体"
    Combo1. AddItem" 楷体_GB2312"
    Combo1. AddItem" 隶书"
    Combo2. AddItem" 10"
    Combo2. AddItem" 16"
    Combo2. AddItem" 22"
    Combo2. AddItem" 28"
    Combo3. AddItem" 黑色"
    Combo3. AddItem" 蓝色"
```

```
        Combo3. AddItem"红色"
        Combo3. AddItem"绿色"
    End Sub
```

7.4 滚动条和时钟

7.4.1 滚动条控件

滚动条控件用于附在窗口上帮助观察数据或确定位置，也可用来作为数据输入的工具，广泛应用于 Windows 应用程序。滚动条分为水平滚动条（HScrollBar）和垂直滚动条（VScrollBar）两种。除了方向不同之外，水平滚动条和垂直滚动条的结构和操作相同。

1. 常用属性

滚动条除了支持 Enabled、Height、Left、Top、Visible、Width 等属性外，还有下列属性：

（1）Max/Min

滚动条能表示的最大值或最小值。取值范围为[-32768，32767]，用户可以根据需要自行设置其最大值和最小值。对于水平滚动条来说，最左边为最小值，最右边为最大值，对于垂直滚动条来说，最上方为最小值，最下方为最大值。

（2）Value

Value 属性是滚动条控件最重要的一个属性。该属性代表滚动条当前所代表的值，即当前滚动条上滑块的位置。当 Value 值变化时，会触发滚动条的 Change 事件。若用户在滚动条内拖动滚动块，系统会自动更新 Value 属性值。

（3）LargeChange/SmallChange

决定用户在滚动条上单击时，Value 属性值的变化量。其中，LargeChange 属性决定用户单击滚动条两侧空白区域时，Value 属性值的变化。SmallChange 属性决定用户单击滚动条两侧箭头时，Value 属性值的变化。

2. 常用事件

（1）Scroll 事件

在滚动条内拖动滑块时会触发 Scroll 事件。

（2）Change 事件

改变滑块的位置后会触发 Change 事件。

【例7-5】设计一个通过滚动条调整颜色的程序，运行界面如图 7-6 所示。在窗体上添加 1 个文本框、3 个标签和 3 个水平滚动条。当通过滚动条修改红、绿、蓝颜色的值时，可以调整 RGB 函数对应的颜色值，从而改变文本框的背景色。

按要求建立程序界面，其对象的属性设置见表 7-5。

图 7-6 滚动条应用举例

表 7-5 属性表

对象名	属性名	属性值
Form1	Caption	滚动条应用举例
Text1	BackColor	&H00000000&

对象名	属性名	属性值
Label1	Caption	红
Label2	Caption	绿
Label3	Caption	蓝

程序参考代码如下：

```
Private Sub Form_Load( )
    HScroll1. Max = 255
    HScroll1. Min = 0
    HScroll1. LargeChange = 20
    HScroll1. SmallChange = 5
    HScroll2. Max = 255
    HScroll2. Min = 0
    HScroll2. LargeChange = 20
    HScroll2. SmallChange = 5
    HScroll3. Max = 255
    HScroll3. Min = 0
    HScroll3. LargeChange = 20
    HScroll3. SmallChange = 5
End Sub

Private Sub HScroll1_Change( )
    Text1. BackColor = RGB( HScroll1. Value, HScroll2. Value, HScroll3. Value)
End Sub

Private Sub HScroll1_Scroll( )
    Call HScroll1_Change
End Sub

Private Sub HScroll2_Change( )
    Call HScroll1_Change
End Sub

Private Sub HScroll2_Scroll( )
    Call HScroll1_Change
End Sub

Private Sub HScroll3_Change( )
    Call HScroll1_Change
```

```
End Sub

Private Sub HScroll3_Scroll( )
    Call  HScroll1_Change
End Sub
```

7.4.2 时钟控件

时钟控件(Timer)又称计时器、定时器控件，用于有规律地定时执行指定的工作，适合编写不需要与用户进行交互就可直接执行的代码，如计时、倒计时、动画等。在程序运行阶段，时钟控件不可见。

1. 属性

（1）Interval 属性

取值范围在 0 到 65535 之间（包括这两个数值），单位为毫秒（0.001 秒），表示计时间隔。若将 Interval 属性设置为 0 或负数，则计时器停止工作。

（2）Enabled 属性

Enabled 属性被设置为 True 而且 Interval 属性值大于 0，则计时器开始工作（以 Interval 属性值为间隔，触发 Timer 事件）。

Enabled 属性设置为 False 可使时钟控件无效，即计时器停止工作。

2. 事件

时钟控件只能响应 Timer 事件。当 Enabled 属性值为 True 且 Interval 属性值大于 0 时，该事件以 Interval 属性指定的时间间隔，触发 Timer 事件。

图 7-7 时钟控件应用举例

【例 7-6】设计一个具有秒表功能的程序，运行界面如图 7-7 所示。当按下"开始"按钮后程序开始计时，此时文本框如同秒表屏幕；按下"停止"按钮后停止计时；按下"继续"按钮则在原计时结果的基础上继续计时；按下"结束"按钮将结束程序。

按要求建立程序界面，其对象的属性设置见表 7-6。

表 7-6 属性表

对象名	属性名	属性值
Form1	Caption	时钟应用举例
Label1	Caption	秒表
Timer1	Interval	1000
Command1	Caption	开始
Command2	Caption	停止
Command3	Caption	继续
Command4	Caption	结束

程序参考代码如下：

```
Dim x,y,z
Private Sub Form_Load()
    Text1.Text="00:00:00"
    Timer1.Enabled=False
End Sub

Private Sub Timer1_Timer()
    y=Time
    z=y-x
    Text1.Text=Format(z,"hh:mm:ss")
End Sub

Private Sub Command1_Click()
    Timer1.Enabled=True
    x=Time
    End Sub

Private Sub Command2_Click()
    Timer1.Enabled=False
End Sub

Private Sub Command3_Click()
    Timer1.Enabled=True
    x=Time-z
End Sub

Private Sub Command4_Click()
    End
End Sub
```

7.5 图形控件

VB 为用户提供了非常强大的图形处理功能，主要是通过如下两种方法进行图像显示和图形绘制的：一种是使用图形控件（如 PictureBox 控件、Image 控件、Line 控件、Shape 控件）来显示图片、图像和绘制简单的几何图形；另一种是利用丰富的图形方法（如 Pset 方法、Line 方法、Circle 方法等）在窗体或图片框上直接绘制点、线和图形。

7.5.1 图片框控件

图片框（PictureBox）控件主要用来显示图像，它还可以作为其他对象的容器。

1. 常用属性

（1）Picture 属性

Picture 属性主要用于窗体、图片框和图像框，它可通过属性窗口设置，用来把图片放入这些对象中。在窗体、图片框和图像框中显示的图形以文件形式存放在磁盘上，VB 支持 Bitmap（位图）、Icon（图标）、Metafile（图元文件）、JPEG 和 GIF 格式的图形文件。

在设计时，还可以用剪贴板来设置窗体、图片框和图像框的 Picture 属性，具体方法是：将已经存在的图像复制到剪贴板中，然后选择图片框，再按 Ctrl+V 键，将剪贴板中的图像粘贴到图片框中。

Picture 属性也可以在运行时设置，这时需要用到 LoadPicture 函数。一般形式为：

［对象名 .］Picture＝LoadPicture（"图形文件名"）

其中，"对象名"可以是窗体、图片框或图像框，缺省时指的是当前窗体；LoadPicture 函数的参数图形文件名是包括完整路径的图形文件。

要取消图片框中的图片，可使用以下两种语句：

Picture1. Picture＝LoadPicture（""）

Picture1. Picture＝LoadPicture（）

（2）Align 属性

Align 属性表示图片框相对于窗体的位置，其设置的一般形式为：

图片框对象名 . Align＝<number>

其中，number 表示一个整型数值，可取 0~4 间的 5 个整数，默认值为 0；

0—表示可以出现在窗体的任意位置；

1—表示出现在窗体的上边缘；

2—表示出现在窗体的下边缘；

3—表示出现在窗体的左边缘；

4—表示出现在窗体的右边缘。

（3）AutoSize 属性

AutoSize 属性的值有两种，True 和 False，默认值为 False。当其值为 True 时，图片框能够自动调整本身的大小以适应加载的图片。

（4）AutoRedraw 属性

AutoRedraw 属性的值也是两种，True 和 False，默认值为 False。当其值为 True 时，图片框将具有自动重画功能。

（5）DrawWidth 属性

DrawWidth 属性用于设置画线的宽度。默认值为 1。

（6）DrawMode 属性

DrawMode 属性用于设置绘图时图形线条颜色的产生方式。

（7）DrawStyle 属性

DrawStyle 属性用于设置画线的线型。

（8）FillColor 属性

FillColor 属性设置填充颜色。

2. 常用事件和方法

图片框控件可以响应 Click 事件，支持 Pset、Point、Line 和 Circle 等多种图形方法。

7.5.2 图像框控件

1. 常用属性

（1）Picture 属性

Picture 属性用来设置显示在图像控件对象中的图像，使用方法与图片框相同。

（2）Stretch 属性

Stretch 属性决定图像框控件与被装载的图像如何调整尺寸以互相适应。它的值是逻辑值，为 True 或者 False。当取 False 值时，表示图像框将根据加载的图像的大小调整尺寸；当取值为 True 时，则根据图像框的大小来调整被加载的图像大小，这样可能会导致被加载的图像变形。

图像框控件的 Stretch 属性与图片框控件的 AutoSize 属性不同，前者既可以通过调整图像控件的尺寸来适应加载的图像大小，又可以通过调整图像的尺寸来适应图像控件的大小，而后者只能通过调整图片框的尺寸来适应加载图像的大小。

2. 图像框与图片框的区别

（1）图片框可以作为容器，而图像框不能作为容器；

（2）图片框可以通过 Print 方法显示文本，图像框则不能；

（3）图像框比图片框占用内存少，显示速度快，因此，当两者都能满足设计需求时，可以优先考虑图像框。

7.5.3 形状控件

VB 提供了形状（Shape）和直线（Line）控件在窗体上画图。这些控件不支持任何事件过程，只用于表面装饰。既可在设计时通过设置其属性来确定显示某种图形，也可在程序运行时修改形状控件属性，以便动态地显示形状。

1. 形状（Shape）控件

形状控件用于创建指定的图形，通过设置 Shape 属性来得到所需要的形状，画出正方形、矩形、圆和椭圆等，主要有以下属性：

（1）Shape 属性

Shape 属性定义该控件显示的图形。取整数值或系统定义的符号常量，取值及含义见表 7-7。

表 7-7 Shape 属性取值表

属性值	常　　数	说　　明
0	VbShapeRectangle	（缺省值）矩形
1	VbShapeSquare	正方形
2	VbShapeOval	椭圆形
3	VbShapeCircle	圆形
4	VbShapeRoundedRectangle	圆角矩形
5	VbShapeRoundedSquare	圆角正方形

（2）其他常用属性（见表 7-8）

116

表 7-8　**Shape 控件其他属性表**

属性	说明	属性	说明
BorderColor	边框色	BorderWidth	边框宽度
FillColor	填充色	FillStyle	填充样式
BorderStyle	边框样式	DrawMode	画图模式

2. 直线控件

直线控件(Line)可以用来在窗体或图形框上画直线。分别用 x1，y1 和 x2，y2 来返回或控制线条起始点和终止点在 X 轴和 Y 轴方向上的位置。Line 控件既可以在设计时通过设置线的端点坐标属性画出直线，也可以在程序运行的时候动态地改变直线的各种属性。

7.5.4　图形方法

图形控件主要用来显示图形和进行简单的图形绘制，如果要实现高级绘图功能，则需要采用图形方法。VB 提供了 Pset、Line 和 Circle 等图形方法，利用它们，可以很容易地设计出具有一定艺术效果的图形。

1. 坐标系统

使用绘图方法，首先要确定所画图形的位置，这就需要先确定坐标系统，即确定整个图形界面的原点及纵、横坐标轴和坐标的基本度量单位，这样便于给所画图形定位。VB 的坐标系统分为两类：标准坐标系统(默认的坐标系统)和自定义坐标系统。

(1) 标准坐标系统

当新建一个窗体时，新窗体采用标准坐标系统，也称为缺省坐标系统，此时坐标原点(0，0)定位在窗体左上角，x 轴坐标方向为水平向右，y 轴坐标方向为垂直向下。

VB 的坐标单位由属性 ScaleMode 决定，缺省为 Twip(缇)，ScaleMode 属性的值如表 7-9 所示。

表 7-9　**ScaleMode 属性设置含义**

属性值	说　　明
0-User	用户自定义，可设置 ScaleHeight，ScaleWidth 等属性
1-Twip	缺省值，单位为 Twip(缇)，1 英寸 = 1440 缇
2-Point	单位为磅，1 英寸 = 72 磅，1 磅 = 20 缇
3-Pixel	单位为像素，1 像素 = 15 缇
4-Character	单位为字符
5-Inch	单位为英寸
6-Milimeter	单位为毫米
7-Centimeter	单位为厘米，1 厘米 = 567 缇

(2) 自定义坐标系统

用户自定义坐标系统可通过以下两种方法来实现：

① 通过修改 ScaleTop、ScaleLeft、ScaleWidth、ScaleHeight 四项属性值来实现，对象左上角坐标为(ScaleTop，ScaleLeft)，右下角坐标为(ScaleLeft + ScaleWidth，ScaleTop + Scale-Height)；

② 采用 Scale 方法来设置坐标。

117

［对象名］. Scale［(xLeft, yTop)-(xRight, yBottom)］

其中(xLeft, yTop)表示对象的左上角的坐标值，(xRight, yBottom)为对象的右下角的坐标值。

2. 绘图属性

(1) 线宽

由 DrawWidth 属性或 BorderWidth 属性决定，以像素为单位。

(2) 线型

由 DrawStyle 属性决定，仅 DrawWidth = 1 时有效。

(3) 颜色

在 VB 中设置颜色可以使用专门处理颜色的函数 RGB 和 QBColor，也可以使用颜色常数(vbRed, vbGreen 等)和颜色值直接赋值。

RGB 函数是颜色函数中最常用的一个，语法为 RGB(red, green, blue)。

其中，red、green、blue 分别表示颜色的红色成分、绿色成分、蓝色成分，取值范围都是 0~255。RGB 函数采用红、绿、蓝三基色原理，返回一个 Long 整数，用来表示一个 RGB 颜色值。

QBColor 函数沿用于早期的 Basic 版本，它返回一个用来表示所对应颜色值的 RGB 颜色码。语法为 QBColor(color)。其中，color 参数是一个介于 0~15 的整型值。

3. 画点方法 Pset

格式：［对象名 . Pset［step］(x, y)［, color］

该方法在对象上(x, y)处以值为 color 的颜色画点(x, y)；缺省对象则指当前窗体，step 表示当前作图位置的相对坐标，缺省 color 则为容器前景色(ForeColor)。

该方法所画点的大小，取决于容器的 DrawWidth 属性值。DrawWidth 用来设置绘图线的宽度，值以像素为单位，取值范围是 1 到 32767，缺省值为 1，即一个像素宽。

【例 7-7】 利用 PSet 方法画出"满天星"。

为了简便，直接在窗体上产生"满天星"。将窗体的背景色改为深蓝色，以便清晰显示。

编写事件代码如下：

```
Private Sub Form_Click()
    DrawWidth = 3                '控制画出点的大小
    BackColor = &H00800000&           '设置窗体背景色为深蓝色
    Randomize
    For i = 1 To 1000
        x = Form1. ScaleWidth * Rnd       '随机定位
        y = Form1. ScaleHeight * Rnd        '随机定位
        r = Int(255 * Rnd)            '颜色值为随机数
        g = Int(255 * Rnd)
        b = Int(255 * Rnd)
        Form1. PSet(x,y),RGB(r,g,b)         '画点
        For n = 1 To 50000:Next n           '用空循环实现延时效果
    Next i
End Sub
```

118

4. 画线、矩形方法 Line

格式：［对象名．］Line［［Step］(x1,y1)］-(x2,y2)［,颜色］［,B[F]］

其中对象名可以是窗体或图形框，(x1，y1)，(x2，y2)为线段的起点和终点坐标或矩形的左上角和右下角坐标。关键字 B 表示画矩形，关键字 F 表示用画矩形的颜色来填充矩形。

【例7-8】 设计一个程序以动画方式显示如图7-8所示的图形。

程序如下：

```
Private Sub Form_Click( )
Dim i As Single,x As Single,y As Single
Scale(0,0)-(20,20)
For i=0 To 7 Step 0.1
    x=10+i * Cos(i)
    y=8+i * Sin(i)
    Line(10,8)-(x,y)
Next i
End Sub
```

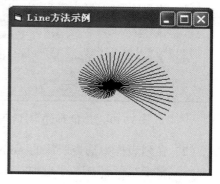

图7-8　Line 方法应用举例

5. 画圆、椭圆、圆弧和扇形方法 Circle

格式：［对象名］.Circle(x，y)，半径［,颜色］［,起始角］［,终止角］［,长短轴比率］

其中：对象名可以是窗体或图形框，(x，y)为圆、椭圆、圆弧或扇形的中心坐标；半径为圆、椭圆、圆弧或扇形的圆半径；颜色为圆、椭圆、圆弧或扇形的边框颜色，如果省略，则使用 Forecolor 属性指定的颜色；起始角、终止角以弧度为单位，取值范围-2π～2π，起始角缺省值为0(水平轴正方向)，终止角缺省值为2π(从水平轴的正方向逆时针旋转360度)，若两者为负数，则在画弧的同时还要画出圆心到弧的端点的连线；长短轴比率表示纵轴和横轴的尺寸比，长短轴比率<1 表示在 x 轴方向画椭圆，长短轴比率>1 表示在 y 轴方向画椭圆，缺省值为1，画出来的是圆。

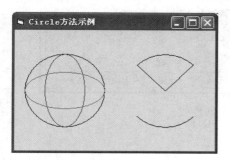

图7-9　Circle 方法应用举例

【例7-9】 用 Circle 方法画圆、弧、扇形和椭圆，如图7-9所示。

程序代码如下：

```
Private Sub Form_Click( )
Const PI=3.1415926
Scale(0,0)-(100,100)    '自定义坐标系
Circle(25,50),20        '画标准圆
Circle(75,50),20, ,1.25*PI,1.75*PI '画圆弧
Circle(75,50),20, ,-0.25*PI,-0.75*PI '画扇形
Circle(25,50),20,vbBlue, , ,2 '画蓝色椭圆
Circle(25,50),20,vbRed, , ,0.5 '画红色椭圆
End Sub
```

119

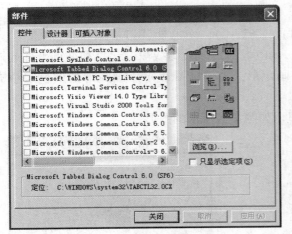

图 7-10 添加"部件"对话框

7.6 高级控件

在工程中不但能使用 VB 的内部控件，还可以使用一些外部控件，如 ActiveX 控件，使用这些高级控件可以增强应用程序的界面效果和功能。若希望在一个应用程序中使用 ActiveX 控件或可插入对象，首先需要将它们添加到工具箱中。将需要使用的 ActiveX 控件或可插入对象添加到工具箱的具体操作步骤如下：

（1）选择"工程 | 部件"菜单命令，系统将弹出"部件"对话框，如图 7-10 所示。

（2）在列表框中选择所需的 ActiveX 控件或可插入对象。

（3）单击"确定"按钮。此时，在工具箱中出现刚才所选的 ActiveX 控件或可插入对象的图标。

7.6.1 选项卡控件

选项卡（SSTab）控件提供了一组选项卡，每个选项卡都可作为其他控件的容器。在控件中，同一时刻只有一个选项卡是活动的。这个选项卡向用户显示它本身所包含的控件而隐藏其他选项卡中的控件。SSTab 控件位于"Microsoft Tabbed Dialog Control 6.0"部件中，可以通过"部件"对话框将其添加到工具箱中。

SSTab 控件在窗体中的外观及属性如图 7-11 所示。

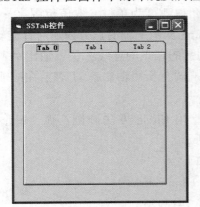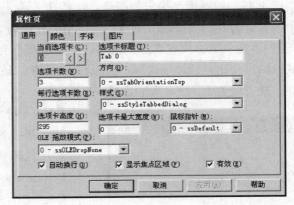

图 7-11 SSTab 控件的外观和属性页

SSTab 控件的主要属性如表 7-10 所示。

表 7-10 SSTab 控件的主要属性表

属性名	属性值	说　明
Tabs	整型数据	设定选项卡的数目
TabsPerRow	整型数据	设定每一行选项卡数

120

属性名	属性值	说　明
Style	ssStyleTabbedDialog	活动选项卡的字体为粗体显示
	ssStylePropectyPage	每个选项卡的宽度调整到其标题文本的长度，选项卡中显示的文字不是粗体
Rows	整型数据	设定选项卡的总行数
Tab	整型数据	设定活动选项卡

7.6.2　进度条控件

进度条(ProgressBar)控件通过从左到右用一些方块填充矩形来表示一个较长操作的进度，因而可以监视操作完成的进度。ProgressBar 控件位于"Microsoft Windows Common Control 6.0"部件中，可以通过"部件"对话框将其添加到工具箱中。

ProgressBar 控件有一个行程和一个当前位置。行程代表该操作的整个持续时间，当前位置则代表应用程序在完成该操作过程时的进度。

ProgressBar 控件有如下常用属性：

(1) Max 和 Min 属性

用来设置行程的界限。

(2) Value 属性

指明在行程范围内的当前位置。

7.6.3　Animation 控件

Animation 控件用来显示无声的视频动画，只能播放无声的视频文件(＊.avi 文件)。如果试图装载有声音的文件将会产生错误。要播放有声的.avi 文件，可以使用 MMControl 控件。

Animation 控件位于"Microsoft Windows Common Control-2 6.0"部件中，可以通过"部件"对话框将其添加到工具箱中。

1. 常用属性

(1) AutoPlay 属性

加载文件后是否立即播放文件。若取值为 False，加载文件后不能立即播放文件；若取值为 True，加载文件后能立即播放文件。

(2) Center 属性

运行时 Animation 控件是否自动改变大小。若取值为 False，自动根据动画大小来设置自身大小；若取值为 True，不会改变大小，而是将动画显示在控件定义的区域中央。

2. 主要方法

Animation 控件有 4 个主要的方法：Open、Play、Stop 和 Close 方法。在使用该控件时，可用 Open 方法打开.avi 文件，用 Play 方法进行播放，用 Stop 方法停止播放。在动画播放完毕后，可用 Close 方法关闭该文件。

Play 方法有 3 个参数，即 repeat、start 和 stop，它们决定文件被播放多少遍，从哪一帧开始播放，到哪一帧停止(第 1 帧的帧号为 0)。如果没有提供 repeat 参数，文件将被连续播放。

7.7 综合应用案例

7.7.1 案例1—移动的小球

1. 案例效果

程序运行时看到如图 7-12 所示的界面，单击"开始"按钮后，按钮上的文字变成"停止"，如图 7-13 所示，窗体上的小球先向右上角方向运动，碰壁后改变方向。小球在移动过程中，可以通过单击滚动条两侧的箭头或拖动滑块来改变小球的移动速度，单击"停止"按钮时，小球停止运动，单击"结束"按钮，结束整个程序。

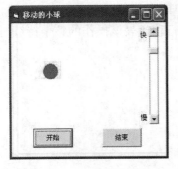
图 7-12 程序启动界面

图 7-13 小球开始移动界面

2. 应用要点

（1）滚动条控件和时钟控件的常用属性和事件

（2）时钟控件控制小球运动

（3）滚动条控件控制小球移动的速度

（4）两个模块级变量 x、y 控制每次移动的步长和方向

3. 操作步骤

（1）设计界面

启动 VB，新建一个工程，参照图 7-14，在工具箱中选择所需控件，添加到窗体上。程序界面如图 7-15 所示，在窗体上添加 2 个标签、2 个命令按钮、1 个时钟 Timer、1 个垂直滚动条 VScrollBar 和 1 个形状 Shape。

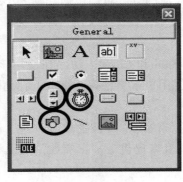
图 7-14 工具箱

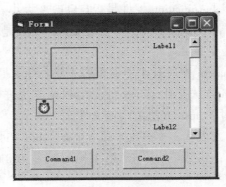
图 7-15 程序设计界面

122

（2）设置对象属性

各对象的属性设置见表 7-11。

表 7-11 属性表

对象名	属性名	属性值
Form1	Name	frmxq
	Caption	移动的小球
	BackColor	&H00FFFFFF&
Label1	Caption	快
Label2	Caption	慢
VScroll1	Max	600
	Min	10
	SmallChange	10
	LargeChange	50
	Value	100
Timer1	Interval	100
	Enabled	False
Shape1	Shape	3-Circle
	FillColor	&H000000FF&
	FillStyle	0-Solid
	BorderColor	&H000000FF&
	BorderWidth	3
Command1	Caption	开始
Command2	Caption	结束

（3）编写代码

首先定义两个窗体模块级的变量，用来给定小球的移动方向和移动步长。

Dim x As Single，y As Single

程序的具体事件代码参照如下：

①设置窗体的 Load 事件，指定小球移动的水平方向和垂直方向的距离。

```
Private Sub Form_Load( )
        x = 150
        y = -150
End Sub
```

② 设置 Command1 的 Click 事件，单击该按钮可以实现小球的移动和停止两种状态的切换。

```
Private Sub Command1_Click( )
    If Command1. Caption = "开始" Then
        Timer1. Enabled = True
        Command1. Caption = "停止"
```

```
        Else
            Timer1. Enabled = False
            Command1. Caption = "开始"
        End If
    End Sub
```

③ 设置 Command2 的 Click 事件，结束本程序。

```
Private Sub Command2_Click( )
    End
End Sub
```

④ 设置 Timer1 的 Timer 事件，实现小球连续的不同方向的移动。

```
Private Sub Timer1_Timer( )
    If Shape1. Left <= 0 Or Shape1. Left >= frmxq. ScaleWidth-Shape1. Width Then
        x = -x
    End If
    If Shape1. Top <= 0 Or Shape1. Top >= frmxq. ScaleHeight-Shape1. Height Then
        y = -y
    End If
    Shape1. Top = Shape1. Top+y
    Shape1. Left = Shape1. Left+x
End Sub
```

⑤ 设置 VScroll1 的 Change 事件，修改小球的移动速度。

```
Private Sub VScroll1_Change( )
    Timer1. Interval = VScroll1. Value
End Sub
```

⑥ 设置 VScroll1 的 Scroll 事件，修改小球的移动速度。

```
Private Sub VScroll1_Scroll( )
    Timer1. Interval = VScroll1. Value
End Sub
```

7.7.2 案例 2—图片浏览器和绘制图形

1. 案例效果

程序运行后，如图 7-16 所示，单击驱动器列表框中的向下箭头，在展开的列表框中单击 e:\ 选项，下面的目录列表框中则显示 e 盘根目录下的文件夹，双击实习照片文件夹，则文件列表框中显示此文件夹下的所有文件，双击第二个文件，则在图像框 Image1 中显示该图片，也可以双击其他图片文件，则图像框 Image1 中可以显示不同的图片，完成了图片浏览器的功能。如果单击右侧的"矩形"按钮，则在右侧的图片框中绘制多个高度不同的矩形；如果单击右侧的"正弦曲线"按钮，则在右侧的图片框中绘制一个正弦曲线；如果单击右侧的"圆"按钮，则在右侧的图片框中绘制多个半径不同的同心圆；单击"结束"按钮，则结束整个程序。

124

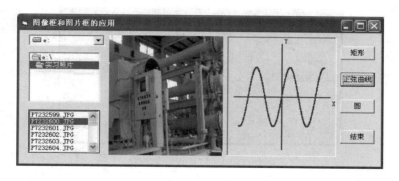

图7-16 案例2运行效果图

2. 应用要点

本案例需要用到共有4个命令按钮、1个图片框、1个图像框、1个驱动器列表框、1个目录列表框和1个文件列表框。此案例实现两个功能，一个是应用图像框控件、驱动器列表框控件、目录列表框控件和文件列表框控件实现图片浏览器的功能；一个是应用图片框控件实现绘制矩形、正弦曲线和圆的功能。本案例的应用要点有如下几个：

（1）驱动器列表框、目录列表框和文件列表框控件的使用

每一个图片文件存储在磁盘上都有一个路径，路径包括文件所在的磁盘，所在的文件夹。要打开一个文件，首先选择文件所在的磁盘，因此程序中要用到驱动器列表框控件。选中磁盘驱动器后，还要在相应的驱动器下选择文件所在的文件夹，因此在窗体上再添加一个目录列表框控件。最后选择图片文件，还需要添加一个文件列表框控件。

在实际应用中，驱动器列表框、目录列表框和文件列表框控件往往需要同步操作，可以通过 Path 属性的改变引发 Change 事件来实现。例如：

Private Sub Dir1_Change( )

    File1. Path = Dir1. Path

End Sub

该事件过程使窗体上的目录列表框 Dir1 和文件列表框 File1 产生同步，类似地，增加下面的事件过程，可以使驱动器列表框 Drive1 和目录列表框 Dir1 框同步。

Private Sub Drive1_Change( )

    Dir1. Path = Drive1. Drive

End Sub

（2）绘图时应用的不同方法

① Pset 方法用来在对象上(x，y)点处按指定颜色画点。

② Line 方法用于画直线和矩形。

③ Circle 方法用于画圆、椭圆、圆弧和扇形。

3. 操作步骤

（1）设计界面

最后设计程序界面如图7-17所示，在窗体上添加1个图片框 Picture1，1个图像框 Image1，添加1个驱动器列表框 Drive1、1个目录列表框 Dir1 和1个文件列表框 File1、添加4个命令按钮 Command1、Command2、Command3 和 Command4。

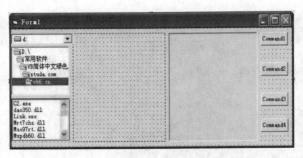

图 7-17　程序设计界面

（2）设置属性

各对象属性设置见表 7-12。

表 7-12　属性表

对象名	对象属性名	属性值
Form1	Name	frmyy
	Caption	图像框和图片框的应用
Image1	Stretch	True
Picture1	AutoSize	False
	Height	3255
	Width	2775
Command1	Caption	矩形
Command2	Caption	正弦曲线
Command3	Caption	圆
Command4	Caption	结束

（3）编写代码

① 设置磁盘驱动器、目录列表框与文件列表框同步。

Private Sub Drive1_Change（）

　　　Dir1. Path＝Drive1. Drive

End Sub

Private Sub Dir1_Change（）

　　　File1. Path＝Dir1. Path

End Sub

② 设置文件列表框的 Click 事件，单击文件列表框中图片文件，在图像框中显示该图片。

Private Sub File1_Click（）

　　　Image1. Picture＝LoadPicture（Dir1. Path+" \" +File1. FileName）

End Sub

③ 设置 Command1 的 Click 事件，在图片框容器中画若干高度不同的矩形。

Private Sub Command1_Click（）

　　　Dim i As Integer,x As Single,y As Single

　　　Picture1. Cls

126

```
        Picture1. DrawWidth = 2
        Picture1. ForeColor = vbRed
        Picture1. Scale(0,80) - (80,0)
        x = 5
        y = 20
        For i = 10 To 50 Step 10
            Picture1. Line(x+i,y+i) - (x+i+6,y) ,vbRed,B
            Picture1. CurrentX = x+i-1
            Picture1. CurrentY = y+i+8
            Picture1. Print i
        Next i
End Sub
```

④ 设置 Command2 的 Click 事件，在图片框容器中画一正弦曲线。

```
Private Sub Command2_Click( )
        Dim x As Single,y As Single
        Picture1. Cls
        Picture1. DrawWidth = 2
        Picture1. ForeColor = vbBlue
        Picture1. Scale(-10,10) - (10,-10)
        Picture1. Line(-9,0) - (9,0) ,vbBlue
        Picture1. Line(0,-9) - (0,9) ,vbBlue
        Picture1. CurrentX = 0. 5
        Picture1. CurrentY = 10
        Picture1. Print "Y"
        Picture1. CurrentX = 9. 5
        Picture1. CurrentY = -0. 5
        Picture1. Print "X"
        For x = -8 To 8 Step 0. 01
            y = 5 * Sin(x)
            Picture1. PSet(x,y) ,vbBlue
        Next x
End Sub
```

⑤ 设置 Command3 的 Click 事件，在图片框容器中画若干半径不同的同心圆。

```
Private Sub Command3_Click( )
        Const Pi = 3. 1415
        Dim i As Integer
        Picture1. Cls
        Picture1. DrawWidth = 2
        Picture1. Scale(-100,100) - (100,-100)
        For i = 10 To 90 Step 20
```

          Picture1. Circle(0,0),i,vbBlack

    Next i

End Sub

⑥ 设置 Command4 的 Click 事件，结束本程序。

Private Sub Command4_Click( )

    End

End Sub

7.7.3　案例 3—飞舞蝴蝶

1. 案例效果

程序运行后，出现如图 7–18 和图 7–19 所示，一个不断变化的飞舞蝴蝶。

图 7–18　程序运行效果

图 7–19　程序运行效果

2. 应用要点

（1）时钟控件的 Interval 属性和 Timer 事件

（2）图像框控件的 Picture 属性和 Move 方法

（3）时钟控件控制蝴蝶飞舞

3. 操作步骤

（1）界面设计

启动 VB，新建一个工程，在工具箱中选择所需控件，添加到窗体上。最后设计程序界面如图 7–19 所示，在窗体上添加三个图像框、一个命令按钮、一个时钟 Timer。

（2）设置属性

各对象静态属性的设置见表 7–13。

表 7–13　属性表

对象名	对象属性名	属性值
Form1	Caption	蝴蝶飞舞
	BackColor	&H00FFFFFF&
Image1	Picture	E:\Image\fly1. jpg
Image2	Picture	E:\Image\fly2. jpg
	Visible	False

128

对象名	对象属性名	属性值
Image3	Picture	E：\Image\fly1. jpg
	Visible	False
Timer1	Interval	100
Command2	Caption	退出

4. 编写代码

程序参考代码如下：

```
Dim ImaBmp As Boolean
Private Sub Command1_Click( )
    End
End Sub
Private Sub Form_Load( )
    ImaBmp = True
End Sub


Private Sub Timer1_Timer( )
    Image1. Move Image1. Left+20 , Image1. Top-5
    If Image1. Top <=0 Then
        Image1. Left=0
        Image1. Top=1320
    End If
    If ImaBmp Then
        Image1. Picture=Image3. Picture
    Else
        Image1. Picture=Image2. Picture
    End If
    ImaBmp=Not ImaBmp
End Sub
```

7.7.4 案例 4—交互式绘图工具

1. 案例效果

参照 win7 系统自带的画图工具，制作一个简易的交互式绘图工具，具有打开图像、保存图像、另存为、退出功能，同时还能够对图像进行编辑：实现水平翻转、垂直翻转、画直线、画曲线、画矩形、画圆形、擦除图像、放大图像、设置线宽以及图像的背景色和前景色的功能，程序的运行界面如图 7-20 所示。

2. 应用要点

（1）PaintPicture 方法

在窗体、图片框或 Printer 对象上，绘制图形文件。

一般格式：

object. PaintPicture Spic , dx , dy , dw , dh , sx , sy , sw , sh , rop

129

图 7-20　程序设计界面

表 7-14　PaintPicture 方法有关参数表

参数	描　　述
object	目标对象，可以是窗体或图片框控件，可选的
Spic	要绘制到 object 上的图形源
dx、dy	目标区域某顶点的坐标。
dw、dh	目标区域的宽与高。如果为负值，则表示从(dx，dy)指定的顶点起，沿坐标轴的负方向起。通过使用负的目标高度值和目标宽度值(dw、dh)，可以水平或垂直翻转位图
sx、sy	要传送的矩形区域的某顶点坐标
sw、sh	要传送的矩形区域的宽与高
rop	指定所传送的像素与目标区域中现有像素的组合模式，缺省时表示将现有的像素替换成传送的像素

（2）savepicture 函数

从对象或控件(如果有一个与其相关)的 Picture 或 Image 属性中将图形保存到文件中。

一般格式：

SavePicture picture，stringexpression

其中：picture 为产生图形文件的 PictureBox 控件或 Image 控件；stringexpression 为欲保存的图形文件名。例如：SavePicture Picture1. Picture，" c：\ test. bmp" 该语句保存 picturebox 控件中的图像。

（3）菜单设计

VB 的菜单有"下拉菜单"和"弹出式菜单"两种。设计菜单时，通常使用"菜单编辑器"。菜单设计的详细介绍请参照后面内容。案例菜单设计如表 7-15 所示。

表 7-15　主菜单和子菜单设计

主菜单	子　菜　单
文件	打开、保存、另存为、退出
图像编辑	水平翻转、垂直翻转、恢复图像、清除图像
线宽(不可见)	1px、3px、5px、8px

（4）工具栏 ToolBar

ToolBar 是 Windows 中最常用的控件之一。一般工具栏控件 ToolBar 需要与图像列表控件 ImageList 配合使用。ToolBar 控件可以通过 Buttons 集合来创建工具栏。使用时只要将 Button 对象添加于 Buttons 集合即可。每个 Button 对象都有文本或相关的一幅图像，或者两者都有，这些都可以由相关联的 ImageList 控件来提供。

ToolBar 控件的属性：

① Align：用于返回或设置对象是否可以在窗体上以任意大小、在任意位置显示，或显示在窗体的顶端、底端、左边或右边。

② AllowCustuomize：返回或设置用户在双击工具栏时，是否可用"自定义工具栏"对话框自定义 ToolBar 控件。

③ Buttons：用来返回对 Toolbar 控件的 Button 对象集合的引用，用户可以使用 Add 方法、Remove 方法和 Clear 方法来操作 Button 对象。

④ ImageList：设置与该控件相关联的 ImageList 控件。

⑤ Wrappable：重新设置窗口的大小时，Toolbar 控件按钮是否自动换行。

ToolBar 控件常用方法和事件：

对 Toolbar 的控制主要是针对其中的按钮，Toolbar 中的按钮是作为一个名为 Buttons 的集合对象供程序访问的。Buttons 的常用方法包括增加一个按钮（Add）、删除一个按钮（Remove）和删除所有按钮（Clear）。

3. 操作步骤

（1）设计界面

根据系统功能，按照以下几个步骤设计界面：

第 1 步：选择"工程 | 部件"命令，弹出"部件对话框"。

第 2 步：选择"Microsoft windows common control 6.0（sp6）"，toolbar、imageList 控件被添加到工具箱中。

第 3 步：选择"Microsoft common dialog control 6.0"，commondialog（通用对话框）控件添加到工具箱中。

第 4 步：双击要添加的控件，添加到窗体上。

第 5 步：设计菜单，主菜单：文件，编辑；"文件"的子菜单：新建、打开、保存、另存为、退出；"编辑"的子菜单：水平翻转、垂直翻转、恢复图像、清除图像。

第 6 步：为 imagelist 控件添加图片。

第 7 步：为 toolbar 控件添加关联的 imagelist 控件和按钮，关键字分别命名为 line1，line2，rect，circle，rube，fdj，linewidth。

第 8 步：在 toolbar 工具栏上添加两个按钮 bkcolor 和 frcolor。

（2）编写代码

```
Dim style As String
Dim x1!,y1!
Dim openFN $

Private Sub Command1_Click( )
    With CommonDialog1
```

```vb
        . ShowColor
            If .Color=0 Then Exit Sub
            Picture1. ForeColor=. Color
    End With
End Sub


Private Sub Command2_Click( )
With CommonDialog1
        . ShowColor
        If .Color=0 Then Exit Sub
        Picture1. BackColor=. Color
    End With
End Sub


Private Sub CZFZ_Click( )
    w=Picture1. ScaleWidth
    h=Picture1. ScaleHeight
    If Picture1. Picture=0 Then MsgBox "请先打开一张图片再翻转":Exit Sub
    Picture1. PaintPicture Picture1. Picture,0,h,w,-h
End Sub


Private Sub Form_Load( )
    style="Line"
End Sub


Private Sub HYTX_Click( )
    w=Picture1. ScaleWidth
    h=Picture1. ScaleHeight
    If Picture1. Picture=0 Then MsgBox "请先打开一张图片再翻转":Exit Sub
    Picture1. PaintPicture Picture1. Picture,0,0,w,h
End Sub


Private Sub New_Click( )
    Picture1. Picture=LoadPicture( )
    openFN=""
End Sub


Private Sub Open_Click( )
With CommonDialog1
    . Filter="图像文件|*. jpg;*. bmp;*. gif"
```

```
      . ShowOpen
    If .FileName = " " Then Exit Sub
    Picture1. Picture = LoadPicture( . FileName)
    openFN = . FileName
  End With
End Sub


Private Sub Picture1_MouseDown(Button As Integer,Shift As Integer,X As Single,Y As Single)
    If Button = 1 Then
        x1 = X
        y1 = Y
        Picture1. AutoRedraw = False
      End If
End Sub

Private Sub Picture1_MouseMove(Button As Integer,Shift As Integer,X As Single,Y As Single)
    If Button = 1 Then
      Select Case style
        Case " Line"
          Picture1. Refresh
          Picture1. Line( x1 ,y1 ) −( X,Y )
        Case " Curve"
          Picture1. AutoRedraw = True
          Picture1. Line( x1 ,y1 ) −( X,Y )
          x1 = X
          y1 = Y
        Case " Rect"
          Picture1. Refresh
          Picture1. Line( x1 ,y1 ) −( X,Y ) , ,B
        Case " Circle"
          Picture1. Refresh
          Picture1. Circle( x1 ,y1 ) ,Sqr( ( X−x1 )^ 2+( Y−y1 )^ 2)
        Case " Eraser"
          Picture1. AutoRedraw = True
          Picture1. Line( x1 ,y1 ) −( X,Y ) ,Picture1. BackColor
          x1 = X
          y1 = Y
      End Select
    End If
End Sub
```

133

```
Private Sub Picture1_MouseUp( Button As Integer,Shift As Integer,X As Single,Y As Single)
    If Button = 1 Then
        Picture1. AutoRedraw = True
        Select Case style
        Case" Line" ," Curve"
            Picture1. Line( x1 ,y1 )-( X,Y )
        Case" Rect"
            Picture1. Line( x1 ,y1 )-( X,Y ) , ,B
            Case "Circle"
            Picture1. Circle( x1 ,y1 ) ,Sqr( ( X-x1 )^ 2+( Y-y1 )^ 2)
        End Select
    End If
End Sub


Private Sub QCTX_Click( )
    Picture1. Picture = LoadPicture( )
End Sub


Private Sub Save_Click( )
    If openFN = " "  Then
        SaveAs_Click
    Else
        SavePicture Picture1. Image ,openFN
    End If
End Sub


Private Sub SaveAs_Click( )
    With CommonDialog1
        . Filter = " Images| * . bmp"
        . DefaultExt = " bmp"
        . ShowSave
        If .FileName = " " Then Exit Sub
        SavePicture Picture1. Image ,. FileName
    End With
End Sub


Private Sub SPFZ_Click( )
    w = Picture1. ScaleWidth
```

```
        h = Picture1. ScaleHeight
        If Picture1. Picture = 0 Then MsgBox "请先打开一张图片再翻转":Exit Sub
        Picture1. PaintPicture Picture1. Picture,w,0,-w,h
   End Sub


Private Sub Toolbar1_ButtonClick(ByVal Button As MSComctlLib. Button)
   style = Button. Key
End Sub


Private Sub Toolbar1_ButtonMenuClick(ByVal ButtonMenu As MSComctlLib. ButtonMenu)
       Select Case ButtonMenu. Key
          Case "L1"
             Picture1. DrawWidth = 1
          Case "L2"
             Picture1. DrawWidth = 3
          Case "L3"
             Picture1. DrawWidth = 5
       End Select
End Sub
```

小结

    本章主要介绍了 VB 常用控件单选按钮、复选框、框架、列表框、组合框、滚动条、时钟、图形控件和一些高级控件的基本知识，在此基础上，通过综合应用案例，进一步将这些控件应用到实例中，帮助学生更好地掌握和应用这些控件。

习题

7-1　选择题

(1) 运行时，要清除图片框 Pict1 中的图像，应使用语句_____。

    A. Picture1. Picture = " "　　　　　　B. Picture1. Picture = LoadPicture( )

    C. Pict1. Picture = " "　　　　　　　　D. Pict1. Picture = LoadPicture( )

(2)运行时，要在图片框 Picture1 中显示"How are you!"，应使用语句_____。

    A. Picture1. Picture = LoadPicture(How are you!)

    B. Picture1. Picture = LoadPicture("How are you!")

    C. Picture1. Print "How are you!"

    D. Print "How are you!"

(3)形状控件所显示的图形不可能是：_____。

    A. 圆　　　　　B. 椭圆　　　　　C. 圆角正方形　　　　D. 等边三角形

(4) 下面哪种类型的对象不能作为控件的容器：_____。

A. Form   B. PictureBox   C. Shape   D. Frame

（5）下列哪类对象在运行时一定是不可见的：_____。

A. Line   B. Timer   C. Shape   D. Frame

（6）调用一次 Circle 方法，不能画出下面哪个图形：_____。

A. 圆弧   B. 椭圆弧   C. 扇形   D. 螺旋线

7-2　判断题

（1）Image 控件不能用作容器使用。（　　）

（2）Value 属性代表了滚动条当前所在位置的值。（　　）

（3）当定时器控件的 Interval 属性值设置为 0 时，会连续不断地激发 Timer 事件。（　　）

（4）滚动条控件可作为用户输入数据的一种方法。（　　）

（5）计时器（Timer）控件的 Interval 属性的单位是毫秒，即若将此属性值设为 10，则每 0.01 秒触发一次 Timer 事件。（　　）

（6）计时器控件可以通过对 Visible 属性的设置，在程序运行期间显示在窗体上。（　　）

（7）命令 Picture1.Circle（500，800），800 能够在图片框 Picture1 中画出的图形是圆心在（500，800）的一个圆。（　　）

（8）使用驱动器列表框、目录列表框和文件列表框构成一个文件管理系统时，三者之间可以实现自动同步，即当在驱动器列表框改变驱动器时，目录列表框和文件列表框的内容立即跟着变。（　　）

（9）图片框的 Move 方法不仅可以移动图片框，而且还可以改变该图片框的大小，同时也会改变该图片框有关属性的值。（　　）

（10）图像框的 Stretch 属性设置为 True 时，显示的图片大小会根据图像框的大小进行调整。（　　）

7-3　填空题

（1）定时器控件的 Interval 属性值是时间间隔，单位是_____；当每隔此间隔的时间，定时器会引发一次_____事件。

（2）VB 中时钟控件只有一个事件，即_____事件。

（3）当在滚动条内拖动滚动滑块时，将触发滚动条的 Scroll 事件，而滚动条的位置改变后，又将触发_____事件，Value 值才能更新。

（4）若要在程序运行中设置图片框中的图片，应调用函数_____来实现。

（5）图像框（Image）的 Stretch 属性设置为_____时，图像框可以自动改变大小以适应其中的图形。

（6）写出清除图片框 Picture1 的文字或图形信息的语句_____。

7-4　编程题

（1）在窗体上建立一个水平滚动条和一个文本框，水平滚动条的 Max 属性值为 100，Min 属性值为 1，SmallChange 属性值为 2，LargeChange 属性值为 10，编写适当的事件过程，使文本框能够即时显示滚动块当前位置所代表的值。

（2）设计一个简单的秒表，单击"开始"按钮开始走动秒针，单击"停止"按钮则停止秒针的走动。

（3）以图片框的中心为坐标原点，建立直角坐标系，在此坐标中绘制 y = sin（x）在［π，π］的正弦曲线。

第 8 章 用户界面设计

用户界面是程序与用户之间的交互窗口，界面设计的好坏将直接影响到应用程序的使用。Visual Basic 提供了大量的用户界面设计的工具和方法。本章主要介绍界面设计时常用的菜单、工具栏、状态栏、通用对话框和多窗体等相关知识。

8.1 菜单设计

菜单是用户界面设计的重要组成部分，当程序功能较多时，可以用菜单对命令进行分组，方便地显示程序的各项功能。在实际应用中，菜单一般分为下拉式菜单和弹出式菜单两种，所有菜单项的使用与命令按钮类似，也有对应的属性、事件和方法。下面将介绍如何在 Visual Basic 中创建和使用菜单。

8.1.1 菜单的组成

下面以记事本应用程序为例，简单介绍菜单的组成。菜单一般包括菜单栏、菜单项、分隔条、访问键、快捷键、对话框标记等元素，如图 8-1 所示。

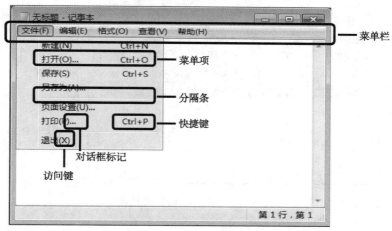

图 8-1 记事本应用程序

（1）菜单栏：位于程序标题栏的下方，由多个菜单项构成。

（2）菜单项：是菜单或子菜单的组成部分，代表一条命令或一个子菜单项。

（3）分隔条：用于将同一类的菜单项分组显示。

（4）访问键：是为某个菜单项指定的字母键。在运行时，对于主菜单标题，按 Alt 键和该标题指定的字母键就可以访问该菜单；对于子菜单，直接按下菜单项指定的字母键就可以访问该菜单项。例如，在记事本程序中，按 Alt+F 显示"文件"菜单，再按字母键"O"即可执行打开命令，弹出"打开"对话框。

（5）快捷键：是功能键或键的组合，按下快捷键会立刻执行菜单项。例如，在记事本程序中，不需要打开"文件"菜单，直接按 Ctrl+O 即可执行打开命令。

（6）对话框标记：表示当用户单击该菜单项时，将打开一个新的对话框。

8.1.2　菜单编辑器

Visual Basic 提供了"菜单编辑器"来进行菜单设计。利用"菜单编辑器"可以创建菜单、添加菜单项、修改菜单项和删除菜单项。

1. "菜单编辑器"的启动

可以通过以下 4 种方式启动菜单编辑器：

（1）选择"工具"菜单中的"菜单编辑器"命令。

（2）单击工具栏中的"菜单编辑器"按钮🗐，如图 8-2 所示。

（3）在建立菜单的窗体上单击鼠标右键，从弹出的快捷菜单中选择"菜单编辑器"命令。

（4）使用快捷键【Ctrl+E】。

图 8-2　Visual Basic 工具栏

2. "菜单编辑器"的组成

"菜单编辑器"如图 8-3 所示，由 3 部分组成：属性设置区、编辑区和菜单列表区。

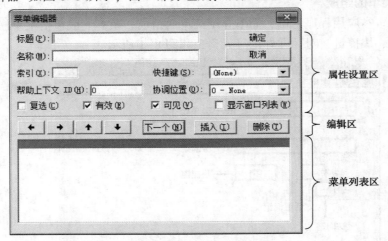

图 8-3　"菜单编辑器"对话框

3. 属性设置区

属性设置区用来输入或修改菜单项的各种常用属性。其主要属性如下：

（1）标题

即 Caption 属性，用于设置菜单栏或菜单项上显示的文本。

- 设置访问键：使用"（&+访问字母）"的格式可设置菜单项的访问键。例如，标题文本框中输入"文件（&F）"，表示将字母 F 设为"文件"菜单项的访问键。

- 设置分割条：在标题文本框中输入"-"符号可显示为菜单项的分割条。

（2）名称

即 Name 属性，在程序中通过该属性对菜单项进行引用。不同菜单项的标题可以相同，但是菜单项的名称必须唯一，否则弹出出错信息。

（3）索引

即 Index 属性，在建立菜单控件数组时，用该属性区分数组中各菜单项。

（4）快捷键

即 Shortcut 属性，通过右侧的下拉列表框进行选择。设置完成后，菜单项标题的右边会显示快捷键的名称。顶层菜单不能设置快捷键，如果要取消快捷键，应选取列表顶部的"（None）"。

（5）复选

即 Checked 属性，用来设置在菜单项左边是否显示复选标记"√"。利用这个属性可以指明某个菜单项当前是否处于活动状态。

（6）有效

即 Enabled 属性，用于设置菜单项是否可用。如果选中，运行时菜单标题以清晰的文字出现。如果未选中，运行时菜单标题以灰色的文字出现，表示该菜单项不能使用。

（7）可见

即 Visible 属性，用于设置菜单项是否可见。如果选中，运行时该菜单项被显示。如果未选中，运行时该菜单项被隐藏。

在上述属性中，只有名称属性是必须填写的，其他属性可以根据需要选择使用。菜单创建后，也可以在代码中对其属性进行设置或修改。

例如，设置菜单项 FileSaveAs 为不可见：

FileSaveAs. Visible = False

4. 编辑区

（1）"左右箭头"按钮：用来调整菜单项的级别。点击一次右箭头，选定的菜单项向右移一个级别，同时在菜单名前增加一个内缩符号(....)。点击一次左箭头，选定的菜单项向左移一个级别，同时删除菜单名前的一个内缩符号(....)。

（2）"上下箭头"按钮：用来调整菜单项的排列位置，将选定的菜单项向上或向下移动一个位置。

（3）"下一个"按钮：用来建立或指向下一个菜单项。

（4）"插入"按钮：在当前选定的菜单项上方插入一个新的菜单项。

（5）"删除"按钮：删除当前选定的菜单项。

5. 菜单列表区

该区域显示所有已创建的菜单项，并通过内缩符号(....)指明菜单项的层次分级，高亮度光条所在的菜单项为当前菜单项。

8.1.3 下拉式菜单

下拉式菜单就是放置在窗体顶部的标准菜单。其设计直观，在"菜单编辑器"中设置菜单项的相关属性及其级别，设计完成后关闭"菜单编辑器"即可。下面通过一个实例说明下拉式菜单的建立过程。

【例 8-1】 建立菜单如图 8-4 所示，"文件"菜单包含"新建"、"打开"、"保存"、"另存为"、"打印"和"退出"六个菜单项，"编辑"菜单中包含"剪切"、"复制"和"粘贴"三个菜单项，"格式"菜单中包含"前景颜色"和"字体设置"两个菜单项。单击某一菜单命令后，执行相应的功能。

（1）菜单设计

打开"菜单编辑器"对话框，设置菜单项属性如表 8-1 所示，设计后的"菜单编辑器"界面如图 8-5 所示。

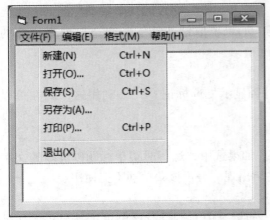

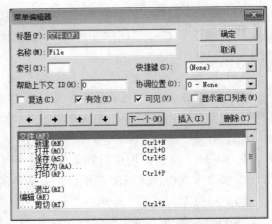

图 8-4　例 8-1 程序运行界面　　　　　图 8-5　例 8-1 菜单设计界面

表 8-1　菜单项属性值

标题	名称	快捷键	标题	名称	快捷键
文件(&F)	File		编辑(&E)	Edit	
．．．．新建(&N)	FileNew	Ctrl+N	．．．．剪切(&T)	EditCut	Ctrl+X
．．．．打开(&O)．．．	FileOpen	Ctrl+O	．．．．复制(&C)	EditCopy	Ctrl+C
．．．．保存(&S)	FileSave	Ctrl+S	．．．．粘贴(&P)	EditPaste	Ctrl+V
．．．．另存为(&A)．．．	FileSaveAs		格式(&M)	Make	
．．．．打印(&P)．．．	FilePrinter	Ctrl+P	．．．．前景颜色．．．	MakeForeColor	
．．．．-	FileBar		．．．．字体设置．．．	MakeFont	
．．．．退出(&X)	FileExit		帮助(&H)	Help	

（2）事件编写

在"菜单编辑器"中，只是进行了菜单的属性设置，只有为菜单项编写事件代码之后，菜单才能完成相应的功能。

菜单中的每一个菜单项都是一个控件，均能响应 Click 事件。在设计状态下，单击某一菜单项即可进入代码窗口，系统会自动添加该菜单控件的 Click 事件。下面写出"新建"、"剪切"、"复制"和"粘贴"菜单项的事件过程。

① 窗体的 Load 事件过程。

【分析】　在没有进行剪切和复制之前，"粘贴"菜单项为不可用。可在窗体的 Load 事件中用代码进行设置，或在"菜单编辑器"中，将"粘贴"菜单项的"有效（E）"复选框设为不选中。

Private Sub Form_Load( )

　　　EditPaste. Enabled＝False

End Sub

140

② "新建"菜单项的事件过程。

【分析】 新建操作就是将文本框的内容清空。

Private Sub FileNew_Click( )

    Text1. Text = vbNullString

End Sub

③ "剪切"菜单项的事件过程。

【分析】 剪切操作就是将选中的内容放置到剪贴板 Clipboard 中，然后将选中内容从文本框中删除，也就是将 Text1 的 SelText 属性设置为空，同时将"粘贴"菜单项设为可用。

Private Sub EditCut_Click( )

    Clipboard. SetText Text1. SelText

    Text1. SelText = vbNullString

    EditPaste. Enabled = True

End Sub

④ "复制"菜单项的事件过程。

【分析】 复制操作就是将选中的内容放到剪贴板中，同时将"粘贴"菜单项设为可用。

Private Sub EditCopy_Click( )

    Clipboard. SetText Text1. SelText

    EditPaste. Enabled = True

End Sub

⑤ "粘贴"菜单项的事件过程。

【分析】 粘贴操作就是将剪贴板中的内容粘贴到当前文本框的光标处。

Private Sub EditPaste_Click( )

    Text1. SelText = Clipboard. GetText

End Sub

8. 1. 4 弹出式菜单

在程序设计时，为了方便操作，在某个对象上单击右键也会弹出一个菜单，这个菜单称为弹出式菜单，又称为快捷菜单。弹出式菜单是独立于菜单栏而显示在窗体或控件上的浮动菜单，菜单的显示位置与鼠标指针的所在位置有关。

（1）建立弹出式菜单

创建弹出式菜单跟创建下拉式菜单的方法一样，都用"菜单编辑器"进行设计。不同的是，如果某一菜单想以弹出的方式显示，则该菜单项（即顶级菜单）的"可见"属性设置为 False。实际上，不管该菜单是否可见，都可以成为弹出式菜单，只是一般习惯上将它设为不可见。

（2）显示弹出式菜单

显示弹出式菜单用 PopupMenu 方法实现。通常都是按下鼠标左键或鼠标右键来弹出菜单，因此，弹出代码一般编写在对象的 MouseUp 或 MouseDown 事件中。

PopupMenu 方法的格式为：

    [对象名 .] PopupMenu 菜单名 [,flags [,x [,y [,BoldCommand]]]]

各参数说明如下：

① 对象名：指的是窗体名。

② 菜单名：用来指定弹出的菜单控件的名称，该菜单控件至少有一个子菜单项。

③ x 和 y：用来指定弹出式菜单显示位置的横坐标和纵坐标。如果省略，则在鼠标光标的当前位置弹出。

④ BoldCommand：用来指定弹出式菜单中以粗体字显示的菜单项标题。一个弹出式菜单中只能有一个菜单项标题被加粗。

⑤ Flags：该参数代表一些常量数值的设置，包括弹出式菜单的位置和性能两个指定值。Flags 参数值如表 8-2 所示。

表 8-2　Flags 参数值

分类	值	常数	说　明
位置	0	vbPopupMenuLeftAlign	x 确定弹出式菜单的左边界位置
	4	vbPopupMenuCenterAlign	弹出式菜单以 x 为中心
	8	vbPopupMenuRightAlign	x 确定弹出式菜单的右边界位置
性能	0	vbPopupMenuLeftButton	只能用鼠标左键触发弹出式菜单（默认）
	2	vbPopupMenuRightButton	鼠标左、右键都能触发弹出式菜单

【例 8-2】　在例 8-1 的基础上，添加一个新的"格式"菜单项，将其设置为弹出式菜单，程序界面如图 8-6 所示。弹出时，以鼠标坐标的 x 值作为弹出式菜单的左边界，选中的菜单项前出现"√"标记。

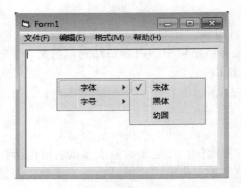

图 8-6　弹出式菜单

（1）菜单设计

打开"菜单编辑器"对话框，设置菜单项属性如表 8-3 所示。

表 8-3　菜单项属性值

标题	属性	值	标题	属性	值
格式	Name	MakePopup			
字体	Name	MakeFontName	字号	Name	MakeFontSize
宋体	Name	FontSimSun	16 号	Name	FontSixteen
	Checked	True		Checked	True
黑体	Name	FontSimHei	20 号	Name	FontTwenty
幼圆	Name	FontYouYuan	28 号	Name	FontTwentyEight

（2）事件编写

下面写出字体设置、字号设置和菜单弹出的事件过程。

① 窗体的 Load 事件过程。

【分析】　在窗体加载时，将文本框的初始字体设为"宋体"，字号设为 16 号。

```
Private Sub Form_Load( )
    Text1. FontName = "宋体"
    Text1. FontSize = 16
End Sub
```

② 字体设置的事件过程。

【分析】　字体设置就是将文本框中的文本字体设置为所选的菜单项字体，设置完成后，该菜单项前出现"√"标记，以设置"宋体"为例。

```
Private Sub FontSimSun_Click( )
    Text1. FontName = "宋体"
    FontSimSun. Checked = True
    FontSimHei. Checked = False
    FontYouYuan. Checked = False
End Sub
```

③ 字号设置的事件过程。

【分析】　字号设置就是将文本框中的文本字号设置为所选的菜单项字号，设置完成后，该菜单项前出现"√"标记，以设置"20 号"字号为例。

```
Private Sub FontTwenty_Click( )
    Text1. FontSize = 20
    FontSixteen. Checked = False
    FontTwenty. Checked = True
    FontTwentyEight. Checked = False
End Sub
```

④ 菜单弹出的事件过程

【分析】　将鼠标放在文本框上，单击鼠标右键弹出"格式"菜单。因此，在文本框的 MouseUp 事件中写入代码。

```
Private Sub Text1_MouseUp( Button As Integer, Shift As Integer, X As Single, Y As Single)
    If Button = 2 Then          ' 判断是否单击了鼠标右键
        PopupMenu MakePopup, 0
    End If
End Sub
```

8.2　工具栏设计

工具栏通常位于菜单栏的下方，由许多命令按钮组成，为用户提供了最常用的菜单命令的快速访问方式。创建工具栏有两种方法：一是利用图片框（PictureBox）控件和命令按钮（CommandButton）控件组合建立工具栏；二是利用工具栏（Toolbar）控件和图像列表框（ImageList)控件组合建立工具栏，Toolbar 控件创建工具栏的按钮对象，ImageList 控件提供工具栏上显示的图标。这里介绍第二种创建方法。

8.2.1 工具栏制作过程

（1）在工具箱中添加 Toolbar 控件和 ImageList 控件。

（2）在 ImageList 控件中插入工具栏上需要显示的图标。

（3）在 Toolbar 控件中创建按钮对象并设置按钮的相应属性。

（4）用 Select Case 语句对各按钮进行相应的事件编写。

8.2.2 工具栏控件添加

Toolbar 控件和 ImageList 控件都属于 ActiveX 控件，不在 Visual Basic 默认的工具箱中，需要手动添加，添加方式如下：

（1）单击"工程"菜单中的"部件"命令，弹出"部件"对话框，如图 8-7 所示。

（2）在"控件"选项卡中，选择"Microsoft Windows Common Controls 6.0（SP6）"复选框，点击"确定"按钮后，Toolbar 等控件被添加到工具箱中，如图 8-8 所示。

（3）双击 Toolbar 控件和 ImageList 控件，将其添加到窗体上。

图 8-7 "部件"对话框

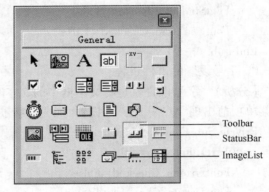

图 8-8 工具箱

8.2.3 图像列表框属性设置

图像列表框 ImageList 控件类似于图像库，用于为其他控件提供图像。右键单击 ImageList 控件，在弹出的快捷菜单中选择"属性"命令，打开"属性页"对话框，如图 8-9 所示。

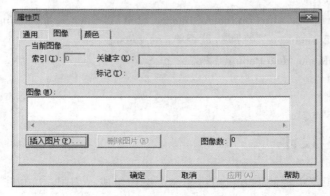

图 8-9 "属性页"对话框

144

"图像"选项卡用来设置图像的附加属性，选项卡中各项内容如下：

（1）索引：按照插入图片顺序，给每个图片自动编号，以便在 Toolbar 控件中引用。

（2）关键字：输入一个字符串，给每个图片定义一个标识符。

（3）标记：输入一个字符串，为 Tag 属性设置属性值。

（4）"插入图片"按钮：点击后，在弹出的对话框中查找需要插入的位图或图标文件。

（5）"删除图片"按钮：删除图像框中选中的图片。

（6）图像数：当前控件中插入的图片总数。

【例8-3】 在窗体上放置图像列表框，各图像属性如表 8-4 所示，设置完成后的"图像"选项卡如图 8-10 所示。

表 8-4 图像属性值

名称	索引	关键字
新建	1	TNew
打开	2	TOpen
保存	3	TSave
剪切	4	TCut
复制	5	TCopy
粘贴	6	TPaste

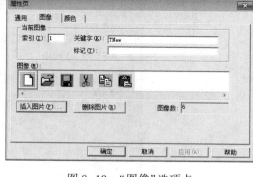

图 8-10 "图像"选项卡

8.2.4 工具栏属性设置

右键单击工具栏 Toolbar 控件，在弹出的快捷菜单中选择"属性"命令，打开"属性页"对话框。这里介绍"通用"和"按钮"两个选项卡。

（1）"通用"选项卡：主要用于为工具栏设置按钮图片的链接，如图 8-11 所示。

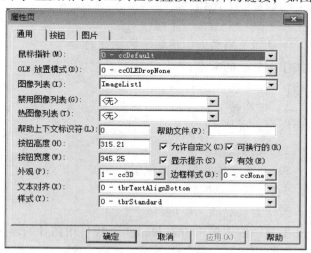

图 8-11 "通用"选项卡

选项卡中各项内容如下：

① 鼠标指针：程序运行时，当鼠标指向工具栏，鼠标指针显示为该属性定义的形状。

② 图像列表：显示在窗体上建立的 ImageList 控件名。如果选择无，则工具栏按钮上只

145

显示文本。如果选择 ImageList 控件，工具栏上的按钮图标就可以从 ImageList 控件中选取。此时仅仅是将两个控件链接在一起，并没有进行详细的图标选择。

③ 可换行的：当工具栏的长度超过窗体宽度时，是否可以自动换行显示工具栏按钮。

④ 显示提示：当鼠标指向工具栏上按钮时，是否出现相关的文本提示信息。

⑤ 样式：设置工具栏按钮的外观。

0：按钮呈标准凸起形状。   1：按钮呈平面形状。

（2）"按钮"选项卡：主要用于添加工具栏按钮，并对各个按钮对象的属性进行设置，如图 8-12 所示。

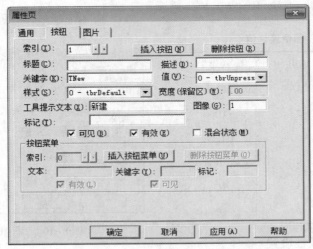

图 8-12　"按钮"选项卡

选项卡中各项内容如下：

① 索引：按钮的自动编号，方便访问时引用。

② 插入按钮：用于在工具栏上添加一个按钮对象。

③ 删除按钮：删除工具栏上当前索引值指定的按钮对象。

④ 标题：工具栏按钮上显示的文本。

⑤ 值：按钮的初始状态。

0：按钮未按下。   1：按钮按下。

⑥ 样式：用于设置按钮显示的样式。

0：普通按钮。   1：复选按钮。

2：选项按钮组。   3：有 8 个像素宽的分隔条。

4：占位符。   5：下拉菜单按钮。

⑦ 工具提示文本：按钮上提示的文本信息。

⑧ 图像：设置按钮上显示的图像，值为 ImageList 控件中图片的索引值或关键字。

【例 8-4】   在例 8-1 的基础上，为窗体添加工具栏，界面如图 8-13 所示。

程序编写步骤如下：

（1）在界面上添加 Toolbar 控件和 ImageList 控件。

（2）按照例 8-3 的方式设置 ImageList 控件的属性。

（3）将 Toolbar 控件的图像来源设置为 ImageList 控件。

146

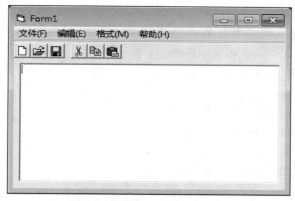

图 8-13　例 8-4 程序运行界面

（4）设置 Toolbar 控件上各个按钮的属性，如表 8-5 所示。

表 8-5　工具栏属性值

索引	关键字	样式	提示	图像索引
1	TNew	0	新建	1
2	TOpen	0	打开	2
3	TSave	0	保存	3
4		3		
5	TCut	0	剪切	4
6	TCopy	0	复制	5
7	TPaste	0	粘贴	6

8.2.5　工具栏事件过程

属性设置完成后，单击工具栏中的按钮没有任何的响应，要完成特定的功能，需要为按钮编写相应的事件代码。按钮的分类不同，对应的事件也不同，当按钮样式为 0 ~2 时对应 ButtonClick 事件，当按钮样式为 5 时对应 ButtonMenuClick 事件。由于工具栏上的按钮很多，通常采用 Select Case 结构，根据按钮对象的关键字或索引值进行判断。可用下面的事件过程来识别所单击的按钮对象。

```
Private Sub Toolbar1_ButtonClick(ByVal Button As MSComctlLib. Button)
    Select Case Button. Key
        Case 关键字
            相关执行代码
        Case 关键字
            相关执行代码
        ……
    End Select
End Sub
```

【例 8-5】　为工具栏的"剪切"、"复制"和"粘贴"按钮编写相应的事件代码，按钮对应的关键字分别为"TCut"、"TCopy"和"TPaste"。

```
Private Sub Toolbar1_ButtonClick(ByVal Button As MSComctlLib. Button)
    Select Case Button. Key
```

```
            Case "TCut"
                Clipboard. SetText Text1. SelText
                Text1. SelText = vbNullString
                EditPaste. Enabled = True
            Case "TCopy"
                Clipboard. SetText Text1. SelText
                EditPaste. Enabled = True
            Case "TPaste"
                Text1. SelText = Clipboard. GetText
        End Select
End Sub
```

8.3　状态栏设计

状态栏通常放在窗体的底部，用于显示应用程序的状态信息，例如系统的日期、时间、打开文件的名称、键盘状态等。状态栏控件由窗格(Panel)对象组成，最多能被分成 16 个窗格对象，每个窗格就是状态栏上的一个区间。

8.3.1　状态栏控件添加

状态栏(StatusBar)控件的添加方法与工具栏控件一样。

(1) 单击"工程"菜单中的"部件"命令，弹出"部件"对话框。

(2) 选择"Microsoft Windows Common Controls 6.0(SP6)"复选框，StatusBar 控件被添加到工具箱中。

(3) 双击 StatusBar 控件，将其添加到窗体上。

8.3.2　状态栏属性设置

右键单击 StatusBar 控件，在弹出的快捷菜单中选择"属性"命令，打开"属性页"对话框，如图 8-14 所示。这里主要讲述常用的"窗格"选项卡。

图 8-14　"窗格"选项卡

选项卡中各项内容如下：

（1）索引：每个窗格对象的自动编号，方便访问时引用。

（2）"插入窗格"按钮：在状态栏上添加一个窗格对象。

（3）"删除窗格"按钮：删除由当前索引值指定的窗格对象。

（4）文本：设置指定窗格中显示的文本信息。

（5）工具提示文本：设置在窗格中显示的提示文本信息。

（6）关键字：给当前窗格对象定义一个标识符，方便访问时引用。

（7）对齐：设置窗格中文本的对齐方式。

0-sbrLeft：文本左对齐。

1-sbrCenter：文本居中对齐。

2-sbrRight：文本右对齐。

（8）图片：显示在窗格对象中的图片信息，点击"无图片"按钮可以清除当前窗格中已有的图片。

（9）样式：设置窗格的显示样式。

0-sbrText：文本或位图。

1-sbrCaps：显示是否激活了 Caps Lock 键。

2-sbrNum：显示是否激活了数字锁定键。

3-sbrIns：显示是否激活了插入键。

4-sbrScrl：显示是否激活了滚动键。

5-sbrTime：显示系统当前时间。

6-sbrDate：显示系统当前日期。

7-sbrKana：显示是否激活了滚动锁定。

（10）斜面：设置窗格对象的斜面样式。

0-sbrNoBevel：窗格没有显示斜面。

1-sbrInset：窗格凹在状态栏上。

2-sbrRaised：窗格凸起在状态栏上。

8.3.3 状态栏事件过程

状态栏的常用事件有 Click、DblClick、PanelClick 和 PanelDblClick 事件。

如果是一个单窗格状态栏，单击状态栏时，用下面的事件过程来响应：

Private Sub StatusBar1_Click( )

    \<要执行的代码\>

End Sub

如果是一个多窗格状态栏，就需要鉴别用户单击的是哪一个窗格。用下面的事件过程来识别用户所单击的窗格，其中 Index 属性是"窗格"选项卡中设置的索引值：

Private Sub StatusBar1_PanelClick(ByVal Panel As MSComctlLib. Panel)

    Select Case Panel. Index

        Case 关键字

            相关执行代码

        Case 关键字

            相关执行代码

```
          ......
       End Select
   End Sub
```

【例8-6】 在窗体上放置状态栏控件,在状态栏上添加二个窗格。第一个窗格显示鼠标选中的内容,第二个窗格显示当前系统时间,如图8-15所示。

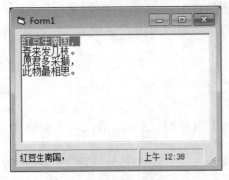

图8-15 例8-6程序运行界面

操作步骤如下:

(1) 在窗体上放置状态栏控件,打开状态栏控件的"属性页"对话框。

(2) 选择"窗格"选项卡,单击"插入窗格"按钮添加新的窗格。

(3) 将第一个窗格的"自动调整大小"属性设为1–sbrSpring。将第二个窗格的样式属性设为5,用来自动显示当前系统时间,不需要编程显示。

(4) 编写代码,可以采用Panels(Index).Text的格式设置窗格的文本。

```
Private Sub Text1_Click()
    StatusBar1. Panels(1). Text=Text1. SelText
End Sub
```

8.4 通用对话框

对话框是应用程序与用户进行交互的窗口,Visual Basic提供了一组基于Windows常用的标准对话框,使用对话框可以减轻编程工作量。利用Visual Basic提供的通用对话框,用户可以在窗体上创建六种标准的对话框:"打开"对话框(Open)、"另存为"对话框(Save As)、"颜色"对话框(Color)、"字体"对话框(Font)、"打印"对话框(Printer)和"帮助"对话框(Help)。下面介绍这几种常用对话框的使用方法。

8.4.1 通用对话框

通用对话框也是一种ActiveX控件,需要手动添加到Visual Basic默认的工具箱中。

1. 添加通用对话框

(1) 单击"工程"菜单中的"部件"命令,弹出"部件"对话框,如图8-16所示。

(2) 在"控件"选项卡中,选择"Microsoft Common Dialog Control 6.0(SP3)"复选框,单击"确定"按钮后,通用对话框(CommonDialog)控件出现在工具箱中。

(3) 双击CommonDialog控件,将其添加到窗体上。在程序运行时,不会显示通用对话框,只有在程序中修改控件的Action属性或用Show方法才能调出所需的对话框。

2. 通用对话框的属性

除了Name、Left、Top等基本属性外,通用对话框还有以下常用的属性。

(1) Action属性

该属性决定打开何种类型的标准对话框,其取值如表8-6所示。Action属性不能在属性窗口中设置,只能在代码中赋值。

150

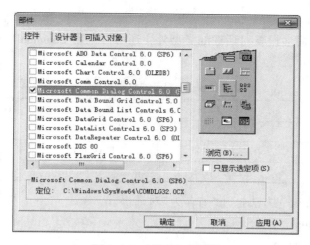

图 8-16 "部件"对话框

表 8-6 Action 属性值

Action 属性	对话框类型	Action 属性	对话框类型
1	"打开"对话框	4	"字体"对话框
2	"另存为"对话框	5	"打印"对话框
3	"颜色"对话框	6	"帮助"对话框

例如，利用 Action 属性打开"另存为"对话框。

CommonDialog1. Action = 2

（2）DialogTitle 属性

该属性是通用对话框的标题属性。

（3）CancelError 属性

该属性表示用户单击"取消"按钮时是否产生出错信息。其值的意义是：

① True：表示单击"取消"按钮时，会出现错误警告。

② False：表示单击"取消"按钮时，不会出现错误警告，False 为默认值。

除了上述属性之外，每种对话框还有自己的特殊属性。这些属性既可以在属性窗口中进行设置，也可以在通用对话框控件的"属性页"对话框中进行设置。右键单击通用对话框控件，在弹出的快捷菜单中选择"属性"菜单项，弹出"属性页"对话框，如图 8-17 所示。该对话框包含 5 个选项卡，可以分别对不同类型的对话框进行属性设置。

图 8-17 "属性页"对话框

3. 通用对话框的方法

除了使用 Action 属性设置对话框的类型外，还可以调用 CommonDialog 控件的 Show 方法来设置，如表 8-7 所示。

表 8-7　打开对话框方法

Show 方法	对话框类型	Show 方法	对话框类型
ShowOpen	"打开"对话框	ShowFont	"字体"对话框
ShowSave	"另存为"对话框	ShowPrinter	"打印"对话框
ShowColor	"颜色"对话框	ShowHelp	"帮助"对话框

例如，利用 ShowSave 方法打开"另存为"对话框。

CommonDialog1. ShowSave

8.4.2 "打开"对话框

通过将 CommonDialog 控件的 Action 属性设置为 1 或者使用 ShowOpen 方法都可以调用"打开"对话框，如图 8-18 所示。通过"打开"对话框，用户可以选择要打开的文件。"打开"对话框不能真正打开一个文件，仅仅提供一个选择打开文件的用户界面，打开文件的具体工作需要编程实现。

图 8-18　"打开"对话框

除基本属性之外，"打开"对话框的其他属性如下：

（1）FileName：设置初始文件名，并返回用户所选中的文件名。FileName 中包括选定文件的路径。

（2）FileTitle：设置或返回用户所选中的文件名，只包括扩展名，不包括文件路径。

（3）InitDir：设置初始路径，并返回用户所选择的路径。

（4）Filter：也称为过滤器，用于确定"打开"对话框中文件类型列表中所显示的文件类型。该属性值由一组元素或用"|"符号隔开的表示文件类型的字符串组成。设定后的字符串显示在"打开"对话框文件类型的下拉列表框中。

例如，要显示以下 3 种文件类型：

文本文件（＊.txt）、Word 文档（＊.doc）和所有文件（＊.＊）

那么 Filter 属性应设置为：

"文本文件(∗ . txt) | ∗ . txt | Word 文档(∗ . doc) | ∗ . doc | 所有文件(∗ . ∗) | ∗ . ∗ "

（5）FilterIndex：过滤器索引，表示用户选定了第几组文件类型。

例如，如果 Filter 属性设置为"文本文件(∗ . txt) | ∗ . txt | 所有文件(∗ . ∗) | ∗ . ∗ "，FilterIndex 的值设为 1，表示选定了文本文件，则文件列表框中只显示当前目录下的文本文件(∗ . txt)。

【例 8-7】 为例 8-1 中菜单控件的"打开 ..."菜单项(FileOpen)编写事件过程，弹出如图 8-18 所示的"打开"对话框。

【分析】 首先设置"打开"对话框的相应属性，然后利用 Action = 1 或 ShowOpen 方法弹出"打开"对话框。注意，本例子只弹出"打开"对话框，不涉及具体打开文件的代码。

方法 1：

（1）在通用对话框上单击鼠标右键，在打开的"属性页"对话框中选择"打开/另存为"选项卡，按图 8-19 所示进行属性设置。

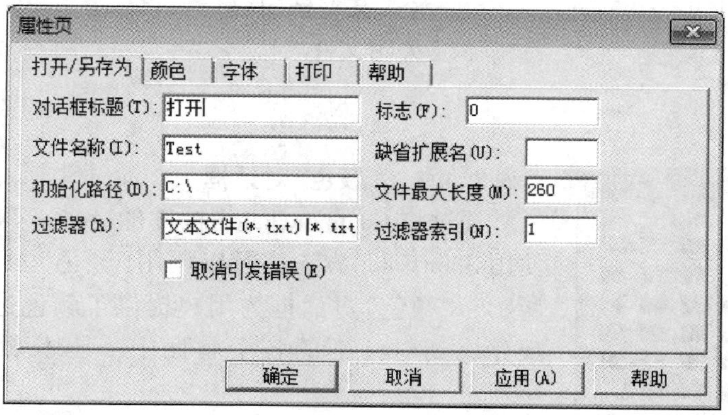

图 8-19 "打开"对话框属性设置

（2）在 FileOpen 的 Click 事件中编写对话框显示代码。

```
Private Sub FileOpen_Click( )
    CommonDialog1. ShowOpen
End Sub
```

方法 2：

在 FileOpen 的 Click 事件中编写属性设置和对话框显示代码。

```
Private Sub FileOpen_Click( )
    CommonDialog1. Filter = " 文本文件( ∗ . txt) | ∗ . txt | 所有文件( ∗ . ∗ ) | ∗ . ∗ "
    CommonDialog1. FilterIndex = 1
    CommonDialog1. InitDir = " C : \"
    CommonDialog1. FileName = " Test"
    CommonDialog1. ShowOpen
End Sub
```

8.4.3 "另存为"对话框

通过将 CommonDialog 控件的 Action 属性设置为 2 或者使用 ShowSave 方法都可以调用"另存为"对话框。"另存为"对话框与"打开"对话框的界面和属性相似，这里不再讲述。通过"另存为"对话框，用户可以选择文件存储的路径。"另存为"对话框不能真正存储一个文件，仅仅提供一个选择存储文件路径的用户界面，保存文件的具体工作需要编程实现。

【例8-8】 为例8.1中菜单控件的"另存为…"菜单项（FileSaveAs）编写事件过程，弹出"另存为"对话框，将文本框中的文本保存到文件中。

```
Private Sub FileSaveAs_Click( )
    CommonDialog1. Filter = "文本文件( * . txt) | * . txt | 所有文件( * . * ) | * . * "
    CommonDialog1. FilterIndex = 1
    CommonDialog1. InitDir = "C:\"
    CommonDialog1. FileName = "Test"
    CommonDialog1. ShowSave
    If CommonDialog1. FileName < > " " Then          '判断文件名是否为空
        Open CommonDialog1. FileName For Output As #1     '打开文件
        Print #1 , Text1. Text              '写入文本框内容
        Close #1                  '关闭文件
    End If
End Sub
```

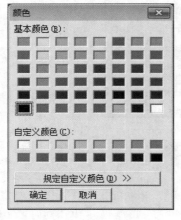

图8-20 "颜色"对话框

8.4.4 "颜色"对话框

通过将CommonDialog控件的Action属性设置为3或者使用ShowColor方法都可以调用"颜色"对话框，如图8-20所示。"颜色"对话框为用户提供了颜色选择。选择后的参数存放到对话框的各个属性中，具体颜色设置需要编程实现。

除基本属性之外，"颜色"对话框的其他属性如下：

（1）Color：用于设置初始颜色，并返回对话框中选择的颜色，该属性是一个长整型。

（2）Flag：是一个重要的属性，其取值和含义如表8-8所示。

表8-8 Flag属性描述

符号常量	值	描　　　述
cdlCCRGBInit	1	为对话框设置初始颜色值
cdlCCFullOpen	2	显示完整对话框，包括"用户自定义颜色"窗口
cdlCCPreventFullOpen	4	禁止选择"规定自定义颜色"命令按钮
cdlCCHelpButton	8	显示帮助按钮

【例8-9】 为例8-1中菜单控件的"前景颜色…"菜单项（MakeForeColor）编写事件过程，弹出"颜色"对话框，设置界面文本框的文本颜色。

```
Private Sub MakeForeColor_Click( )
    CommonDialog1. ShowColor
    Text1. ForeColor = CommonDialog1. Color
End Sub
```

154

8.4.5 "字体"对话框

通过将 CommonDialog 控件的 Action 属性设置为 4 或者使用 ShowFont 方法都可以调用 "字体"对话框，如图 8-21 所示。"字体"对话框为用户提供了文本的字体、字号以及各种效果的设置界面。所设置的参数存放到对话框的各个属性中，具体效果设置需要编程实现。

除了基本属性之外，"字体"对话框的其他属性如下：

（1）Flags：显示该对话框之前，必须先设置 Flags 属性值，否则会有字体不存在的错误。Flags 属性值可以设置为 cdlCFScreenFonts，cdl-CFPrinterFonts 或 cdlCFBoth，各常数值和含义描述如下：

① cdlCFScreenFonts：对话框只列出系统支持的屏幕字体。

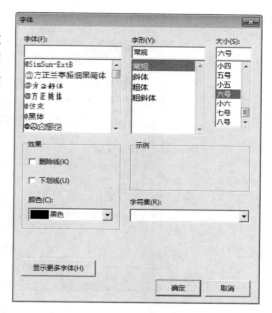

图 8-21 "字体"对话框

② cdlCFPrinterFonts：对话框只列出打印机支持的字体。

③ cdlCFBoth：对话框列出可用的打印机和屏幕字体。

④ cdlCFEffects：对话框出现删除线和下划线复选框以及颜色组合框。该常数不能单独使用，应与其他常数一起进行 Or 运算使用。

（2）Font 属性集

该属性集包括 FontName（字体名）、FontSize（字体大小）、FontBold（粗体）、FontItalic（斜体）、FontStrikethru（删除线）和 FontUnderline（下划线）。可以使用这些属性对"字体"对话框进行初始化，也可以利用这些属性的返回值对对象的字体属性进行修改。

【例 8-10】 为例 8-1 中菜单控件的"字体设置…"菜单项（MakeFont）编写事件过程，弹出"字体"对话框，设置界面文本框的文本效果。

```
Private SubMakeFont _Click( )
    ' 下面这句代码必须写，否则会出现没有安装字体的错误提示
    CommonDialog1. Flags = cdlCFBoth Or cdlCFEffects
    CommonDialog1. ShowFont
    ' 下面为文本框设置选择的字体效果
    Text1. Font. Name = CommonDialog1. FontName
    Text1. Font. Size = CommonDialog1. FontSize
    Text1. Font. Bold = CommonDialog1. FontBold
    Text1. Font. Italic = CommonDialog1. FontItalic
    Text1. ForeColor = CommonDialog1. Color
End Sub
```

8.4.6 "打印"对话框

通过将 CommonDialog 控件的 Action 属性设置为 5 或者使用 ShowPrinter 方法都可以调用 "打印"对话框，如图 8-22 所示。"打印"对话框为用户提供了打印参数的设置界面，所设置

的参数存放到各个属性中，具体打印操作需要编程处理。

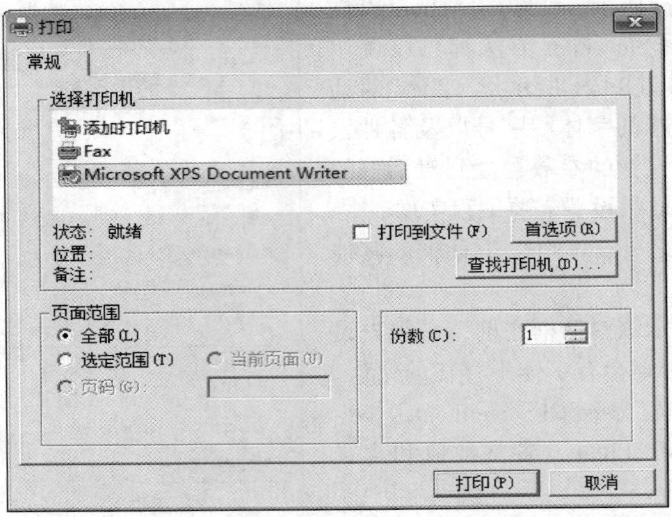

图 8-22 "打印"对话框

除了基本属性之外，"打印"对话框的其他属性如下：

（1）Copise：设置并保存打印的份数。

（2）Flags：设置对话框的一些选项。

（3）Frompage：设置要打印的起始页数。

（4）Topage：设置要打印的终止页数。

（5）Orientation：以横向或纵向的模式打印文档。

【例 8-11】 为例 8-1 中菜单控件的"打印…"菜单项（FilePrinter）编写事件过程，弹出"打印"对话框，打印文本框中的数据。

```
Private Sub FilePrinter _Click( )
    CommonDialog1. ShowPrinter
    For i = 1 To CommonDialog1. Copies
        Printer. Print Text1. Text
    Next i
End Sub
```

8.4.7 "帮助"对话框

通过将 CommonDialog 控件的 Action 属性设置为 6 或者使用 ShowHelp 方法都可以调用"帮助"对话框。"帮助"对话框不能制作应用程序的帮助文件，只能用于提取指定的帮助文件。

除了基本属性之外，"帮助"对话框的其他属性如下：

（1）HelpCommand（帮助命令）：设置或返回需要的联机帮助的类型。

（2）HelpFile（帮助文件）：确定帮助文件的路径和文件名。

（3）HelpKey（帮助键）：设置或返回帮助主题的关键字。

（4）HelpContext（帮助上下文）：设置或返回帮助主题的上下文 ID。

使用 ShowHelp 方法前，必须设定 CommonDialog 控件的 HelpFile 和 HelpCommand 属性，

否则不能正确显示帮助文件。

【例 8-12】 为例 8-1 中菜单控件的"帮助"菜单项(Help)编写事件过程，打开一个指定的帮助文件。

```
Private Sub Help_Click( )
    CommonDialog1. HelpCommand = cdlHelpContents
    CommonDialog1. HelpFile = " C:\Windows\help"
    CommonDialog1. ShowHelp
End Sub
```

8.5　多窗体设计

窗体是应用程序的一个重要组成部分，是用户和应用程序交互的接口。简单的应用程序，通常只需要一个窗体，而对于复杂的应用程序，一般需要多个窗体来实现。Visual Basic 中的多窗体可以分为多重窗体和多文档窗体两种情况。

8.5.1　多重窗体

多重窗体是指应用程序中包含多个窗体。各个窗体之间相互独立，可以有不同的界面和程序代码，实现不同的功能。这类应用程序称为多重窗体程序。

1. 多重窗体管理

（1）添加窗体

要在当前工程中添加一个新的窗体，有三种方法：

① 单击"工程"菜单中的"添加窗体"命令。

② 单击工具栏上"添加窗体"按钮。

③ 在工程资源管理器窗口中，右击"工程"图标，在弹出的菜单中选择"添加"菜单下的"添加窗体"命令。

（2）删除窗体

① 选定要删除的窗体，然后选择"工程"菜单中"移除 Form"命令。

② 在工程资源管理器窗口中，右击要删除的窗体，在弹出的快捷菜单中选择"移除 Form"命令。

2. 设置启动窗体

在多重窗体程序中，需要指定程序运行时的启动窗体。应用程序开始运行时，此窗体首先被打开。默认情况下，系统把设计时的第一个窗体作为启动窗体。设置启动窗体步骤如下：

① 单击"工程"菜单的"工程属性"命令，弹出"工程属性"对话框，如图 8-23 所示。

② 在"通用"选项卡中，"启动对象"列表框列出了当前工程中的所有窗体，选择一个窗体作为启动窗体。

3. 窗体的语句和方法

当窗体建立后，需要先被装入内存，然后显示在屏幕上。窗体操作完成后，可以对它进行隐藏或从内存中卸载。与窗体有关的语句和方法如下：

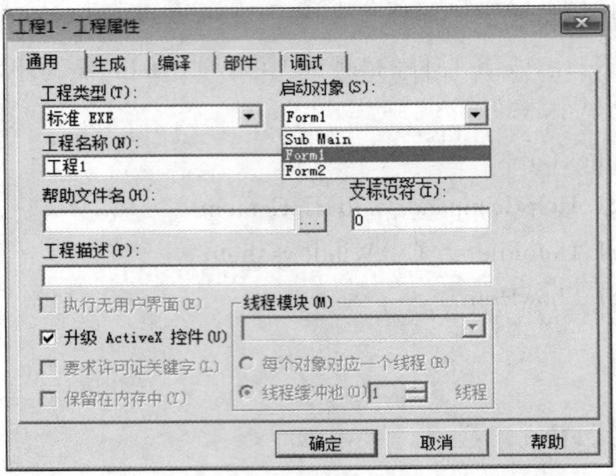

图 8-23 "工程属性"对话框

（1）Load 语句

用来将一个窗体加载到内存中。这里仅仅是加载到内存中，并没有显示在屏幕上。

语法为：

Load 窗体名

例如，点击窗体 Form1，加载 Form2 到内存中。在 Form1 的 Click 事件中写入如下代码。

Private Sub Form_Click( )

Load Form2

End Sub

执行 Load 语句后，可以对引用窗体及其控件进行属性设置等操作。

（2）Unload 语句

用来将指定的窗体从内存中移除。

语法为：

Unload 窗体名

例如，关闭 Form2 窗体：

Unload Form2

关闭当前的窗体：

Unload Me

（3）Show 方法

用来在屏幕上显示指定的窗体。如果窗体已经加载，则直接显示窗体；如果窗体不在内存中，Show 方法会自动将窗体装入内存，然后再进行显示。

语法为：

窗体名称 . Show 模式

其中，"模式"可以取 0 和 1 两个值。值为 1，表示以模式（Modal）的方式显示窗体，即必须关闭此窗体后，才可以对其他窗体进行操作。例如，Office 软件中"段落"对话框就是一个模式对话框。值为 0，表示以非模式方式显示窗体，即打开此窗体后，仍然可以对其他窗体进行操作。例如，Office 软件中的"查找/替换"对话框就是一个非模式对话框。

例如，以模式方式显示 Form2 窗体：

158

Form2. Show 1

以非模式方式显示 Form2 窗体：

Form2. Show 0

（4）Hide 方法

用来隐藏屏幕上指定的窗体，但并没有从内存中删除该窗体。

语法为：

窗体名称 . Hide

例如，隐藏 Form2 窗体：

Form2. Hide

隐藏当前的窗体：

Me. Hide

窗体名称缺省，表示当前窗体：

Hide

（5）不同窗体间数据的访问

① 一个窗体可以直接访问另一个窗体上控件的属性。

② 一个窗体可以直接访问在另一个窗体中定义的全局变量（使用 Public 定义）。

③ 在模块中定义全局变量，实现相互访问。

8.5.2 多文档窗体

多文档窗体 MDI（Multiple Document Interface），是指在一个窗体中能够建立多个子窗体，即允许用户同时访问多个文档，每个文档显示在不同的窗体中。在多文档应用程序中，MDI 主窗体（容器窗体）只能有一个，其他窗体称为 MDI 子窗体。子窗体的活动范围限制在 MDI 窗体中，不能移到 MDI 窗体外边。Microsoft Excel 应用程序就是一个多文档窗体最明显的例子，如图 8-24 所示。

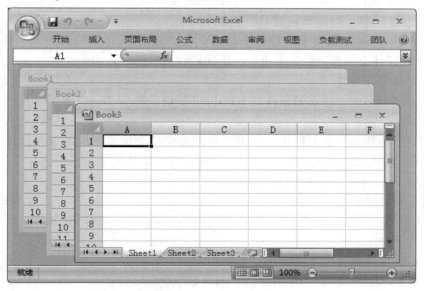

图 8-24　Microsoft Excel 程序界面

159

1. MDI 窗体运行时的特性

(1) 所有子窗体均显示在 MDI 窗体的工作空间内。

(2) 最小化一个子窗体时，它的图标将显示于 MDI 窗体上而不是在任务栏中。

(3) 最大化一个子窗体时，它的标题会和 MDI 窗体的标题一起组合并显示于 MDI 窗体的标题栏上。

2. 创建 MDI 界面

建立多文档窗体，需要分别建立主窗体和子窗体。

(1) 建立 MDI 主窗体

单击"工程"菜单中的"添加 MDI 窗体"命令，弹出"添加 MDI 窗体"对话框，如图 8-25 所示。单击"打开"按钮，在开发环境中出现一个标题和名称属性均为"MDIForm1"的 MDI 主窗体，如图 8-26 所示。

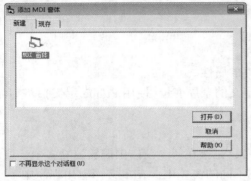

图 8-25 "添加 MDI 窗体"对话框   图 8-26 MDI 窗体

【说明】

① 在 MDI 窗体上，只能放置那些有 Alignment 属性的控件(如图片框、工具栏)和具有不可见界面的控件(如计时器和通用对话框控件)。

② 不能使用 Print 方法在 MDI 窗体上显示文本。

③ 在 MDI 窗体上一般只放置菜单栏、工具栏以及状态栏。

(2) 建立 MDI 子窗体

建立 MDI 子窗体时，将普通窗体的 MDIChild 属性设置为 True，即可将其设置成为一个子窗体。

【说明】   子窗体和普通窗体在工程资源管理器中的图标是不同的。在设计阶段，看不到子窗体效果，只有在程序运行阶段，才能看到子窗体效果。

3. 加载 MDI 主窗体和子窗体

(1) 加载 MDI 主窗体

选择"工程"菜单项的"属性"菜单命令，将启动对象设置为 MDI 窗体。

(2) 加载子窗体

子窗体不会自动加载，其加载方式与普通窗体相同。

例如，将 Form1 加载到 MDIForm1 内，编写如下代码实现：

```
Private Sub MDIForm_Load( )
    Form1. Show
End Sub
```

加载后的程序运行界面，如图 8-27 所示。

【说明】 如果选择"工程 | 属性"命令，将启动对象设置为 Form1 子窗体，则在运行时，自动加载 Form1。但其他子窗体不会自动出现，必须使用 Show 方法来实现。

4. 建立多个子窗体

多文档应用程序中最常见的一项操作是建立多个子窗体。这些子窗体外观和功能完全相同，就像 Microsoft Excel 应用程序的表单一样。

建立子窗体的方式如下：

图 8-27　MDI 窗体运行界面

（1）新建一个窗体的模板，例如子窗体 FrmChild。

（2）定义一个静态变量 i，使子窗体的标题出现连续编号。

（3）在 MDI 应用程序中，用 Dim 语句可以增加子窗体，一般形式为：

Dim 对象变量 [([对象变量 1 To] 对象变量 2)] As [New] 对象名或对象类型

例如，增加一个新的子窗体。

　　Dim DocForm As New FrmChild
　　DocForm. Show

5. MDI 窗体的属性和方法

（1）ActiveForm 属性

只读属性，返回 MDI 窗体中活动子窗体的名称。使用 ActiveForm 属性可以引用当前活动子窗体的任意属性、方法或事件，而不必知道子窗体的名称。

例如，将当前活动子窗体的标题更改为"文档"。

　　MDIForm1. ActiveForm. Caption = " 文档"

（2）Arrange 方法

在 MDI 窗体内排列窗口或图标，一般形式为：

窗体名 . Arrange　排列方式

Arrange 方法的排列方式设置值如表 8-9 所示。

表 8-9　**Arrange 方法的排列方式设置值**

符号常数	对应值	含　义
VbCascade	0	使各子窗体层叠排列
VbTileHorizontal	1	使各子窗体水平平铺
VbTileVertical	2	使各子窗体垂直平铺
VbArrangeIcons	3	重排最小化 MDI 子窗体的图标

例如，将 MDI 窗体中所有打开的子窗体水平平铺。

Private Sub mnuArrange_Click( )
　　MDIForm1. Arrange 1
End Sub

161

8.6　综合应用程序举例

【例 8-13】　利用前面所学的知识，制作一个多文档格式文本编辑器，程序运行如图 8-28 所示。该文本编辑器主要具有以下两个功能。

（1）记事本功能：文本编辑器可以完成类似 Windows 记事本的基本功能，包括文件的新建、打开、保存，文本的剪切、复制、粘贴，和颜色及字体的格式设置功能。

（2）多文档界面：文本编辑器支持多文档界面，用户可以同时对多个文档进行编辑。

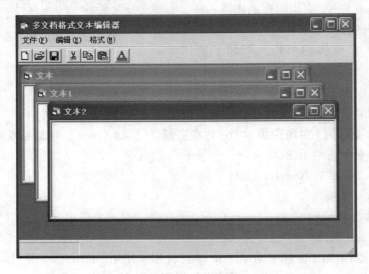

图 8-28　程序运行界面

程序编写过程如下：

1. 控件添加

文本编辑器中使用了工具栏 Toolbar 控件、图像列表框 ImageList 控件、通用对话框 CommonDialog 控件以及富文本 RichTextBox 控件。

富文本 RichTextBox 控件不仅允许输入和编辑文本，同时还提供了标准 TextBox 控件不具有的、更高级的格式设置功能，如改变部分文本的字体和颜色、调整段落格式等。以上四种控件不是默认的工具箱控件，在使用前需要将其添加到工具箱中。

选择"工程 | 部件"命令，在弹出的对话框中选中"Microsoft Common Dialog Control 6.0（SP3）"、"Microsoft Rich Textbox Control 6.0"和"Microsoft Windows Common Controls 6.0（SP6）"三项，单击"确定"按钮后，将控件添加到工具箱中。

2. 界面设计

（1）窗体设计

① 选择"工程 | 添加 MDI 窗体"命令创建程序的主窗体。此时工程中包含两个窗体，新建的 MDI 窗体（MDIForm1）和启动 VB 程序时自带的窗体（Form1）。

② 在 Form1 窗体中适当位置绘制富文本控件 RichTextBox1，调整控件大小。

③ 设置对象属性，如表 8-10 所示。

162

表 8–10　对象属性值

对象	属性名	属性值	对象	属性名	属性值
MDIForm1	Name	MDIEditor	RichTextBox1	Name	RT1
	Caption	多文档格式文本编辑器		Top	0
Form1	Name	Document		Left	0
	Caption	文本		Text	空
	MDIChild	True			

④ 选择"工程 | 工程属性"命令，将启动对象设置为 Document 窗体。

（2）菜单设计

参照表 8-1 所示，在"菜单编辑器"中设置各个菜单项的属性。

（3）工具栏设计

参照表 8-4 和表 8-5 所示，在 ImageList 和 Toolbar 控件的属性页中设置各项属性。

3. 事件编写

（1）设置子窗体 Document 的 Resize 事件。

当子窗体 Document 大小改变时，使富文本控件 RT1 始终充满子窗体。

```
Private Sub Form_Resize( )
        RT1. Width = Document. ScaleWidth
        RT1. Height = Document. ScaleHeight
End Sub
```

（2）因为菜单项和对应工具栏按钮的功能相同，所以将相同功能的代码编写成通用过程，菜单命令和工具栏按钮都可调用该过程。过程代码如下：

① "新建"功能。过程 LoadNewDoc 实现产生新子窗体的功能，且子窗体的标题序号依次增加。

```
Sub LoadNewDoc( )
        Static i As Integer               '记录新建次数,以便修改窗体标题
        Dim DocForm As New Document       '创建新子窗体
        i = i + 1
        DocForm. Caption = "文本" & i
        DocForm. Show
End Sub
```

② "打开"功能。过程 FileOpen 实现打开文档的功能。打开对话框选择文件后，利用 LoadFile 方法将指定的文件加载到当前激活的子窗体中。

```
Sub FileOpen( )
        Dim sFile As String               '记录打开文件的名字
        With CommonDialog1
            . DialogTitle = "打开"         '设置对话框标题为打开
            . CancelError = False
            . Filter = "所有文件( * . * ) | * . * " '设置文件类型为所有文件
            . ShowOpen                    '显示"打开"对话框
```

```
            sFile=. FileName
        End With
        ActiveForm. RT1. LoadFile sFile    '将选中的文件内容加载到当前子窗体
        ActiveForm. Caption=sFile    '将打开文件的全路径文件名设置为子窗体的标题
End Sub
```

③ "保存"功能。过程 FileSave 完成保存文档的功能。打开"另存为"对话框，选择保存位置，利用 SaveFile 方法将富文本控件 RT1 中的内容保存到文件中。

```
Sub FileSave( )
        Dim sFile As String
        With CommonDialog1
            . DialogTitle="保存"
            . CancelError=False
            . Filter="所有文件(＊.＊)|＊.＊"
            . ShowSave
            sFile=. FileName
        End With
        ActiveForm. RT1. SaveFile sFile
End Sub
```

④ "剪切"功能。过程 EditCut 完成剪切的功能。

```
Sub EditCut( )
        Clipboard. SetText ActiveForm. RT1. SelText
        ActiveForm. RT1. SelText=vbNullString
End Sub
```

⑤ "复制"功能。过程 EditCopy 完成复制的功能。

```
Sub EditCopy( )
        Clipboard. SetText ActiveForm. RT1. SelText
End Sub
```

⑥ "粘贴"功能。过程 EditPaste 完成粘贴功能。

```
Sub EditPaste( )
        ActiveForm. RT1. SelText=Clipboard. GetText
End Sub
```

⑦ "前景颜色"功能。过程 MakeForeColor 完成设置前景颜色的功能。

```
SubMakeForeColor( )
        CommonDialog1. ShowColor
        ActiveForm. RT1. SelColor=CommonDialog1. Color
End Sub
```

⑧ "字体设置"功能。过程 MakeFort 完成字体设置的功能。在打开"字体"对话框之前，必须设置对话框的 Flags 属性。这里只是简单地设置选中字体的字体名和字体号。

```
Sub MakeFont( )
        CommonDialog1. Flags=cdlCFBoth Or cdlCFEffects
```

```
        CommonDialog1. ShowFont
        ActiveForm. RT1. SelFontSize = CommonDialog1. FontSize
        ActiveForm. RT1. SelFontName = CommonDialog1. FontName
End Sub
```

（3）编写菜单代码，调用对应的通用过程。

```
Private Sub FileNew_Click( )              '"新建"菜单命令调用完成新建的过程
        LoadNewDoc
End Sub
Private Sub FileOpen_Click( )             '"打开"菜单命令调用完成打开的过程
        FileOpen
End Sub
Private Sub FileSave_Click( )             '"保存"菜单命令调用完成保存的过程
        FileSave
End Sub
Private Sub FileExit_Click( )             ' 卸载窗体,即退出程序,关闭窗体
        Unload Me
End Sub
Private Sub EditCut_Click( )              '"剪切"菜单命令调用完成剪切的过程
        EditCut
End Sub
Private Sub EditCopy_Click( )             '"复制"菜单命令调用完成复制的过程
        EditCopy
End Sub
Private Sub EditPaste_Click( )            '"粘贴"菜单命令调用完成粘贴的过程
        EditPaste
End Sub
Private SubMakeForeColor _Click( )        ' 设置颜色
        MakeForeColor
End Sub
Private Sub MakeFont_Click( )             ' 设置字体
        MakeFont
End Sub
```

（4）编写工具栏代码，调用对应的通用过程。

```
Private Sub Toolbar1_ButtonClick( ByVal Button As MSComctlLib. Button)
        Select Case Button. Key
            Case "TNew"
                    LoadNewDoc
            Case "TOpen"
                    FileOpen
            Case "TSave"
```

```
                    FileSave
          Case "TCut"
                    EditCut
          Case "TCopy"
                    EditCopy
          Case "TPaste"
                    EditPaste
          Case "TColor"
                    MakeForeColor
      End Select
End Sub
```

小结

　　本章学习了菜单、工具栏、状态栏、通用对话框以及多窗体设计的相关知识。使用"菜单编辑器"创建菜单，菜单可分为下 HTK 拉式菜单和弹出式菜单，显示弹出式菜单使用 PopupMenu 方法。工具栏的建立需要使用 Toolbar 控件和 ImageList 控件。通用对话框类型的选择是通过设置控件的 Action 属性或调用 Show 方法来实现。工具栏控件、状态栏控件和通用对话框都需要手动添加到工具箱中。当界面确定后，还要考虑如何与事件代码结合起来。窗体设计中，需要掌握 MDI 窗体的建立以及窗体间数据的传递。

习题

8-1　填空题

（1）Visual Basic 中菜单一般包括_____菜单和_____菜单。

（2）设定菜单项的访问键时，应在其 Caption 属性相应字母前加入_____。

（3）程序运行时，选择菜单项时菜单项的前面加上"√"，应使用菜单项的_____属性。

（4）菜单项响应的事件是_____。

（5）创建工具栏需要_____控件和_____控件的组合使用。

（6）通用对话框可以提供_____种形式的对话框。

（7）在"打开"对话框中，用户所选文件的文件名可通过_____属性得到。

（8）选择通用对话框的_____方法，可打开"另存为"对话框。

（9）显示一个窗体所使用的方法为_____；隐藏一个窗体所使用的方法是_____。

（10）MDI 子窗体是一个_____属性为 True 的普通窗体。

8-2　选择题

（1）使用菜单编辑器设计菜单时，必须输入的项是(　　)。

　　A. 快捷键　　　　　B. 索引　　　　　C. 名称　　　　　D. 标题

（2）下列不能打开"菜单编辑器"对话框的是(　　)。

　　A. 按 Ctrl+E 组合键　　　　　　　　B. 单击工具栏中的"菜单编辑器"按钮

C. 按 Shift+Alt+M 组合键   D. 选择"工具"菜单中的"菜单编辑器"命令

(3) 假定有一个菜单项，名称为 MenuItem，为了在运行时使该菜单项失效，应使用的语句为(　　)。

  A. MenuItem. Enabled = False   B. MenuItem. Enabled = True

  C. MenuItem. Visible = False   D. MenuItem. Visible = True

(4) 工具栏命令按钮的图像控件是(　　)。

  A. Picture   B. Image   C. ImageList   D. Shape

(5) ActiveX 控件的文件扩展名是(　　)。

  A. Exe   B. Ocx   C. Frm   D. bas

(6) (　　)控件用来显示应用程序的运行状态和对用户的提示信息。

  A. 单选按钮   B. 工具栏   C. 状态栏   D. 菜单

(7) 以下关于通用对话框控件的叙述中错误的是(　　)。

  A. 在程序运行过程中，通用对话框控件是不可见的。

  B. 在同一个程序中，不同的方法共用一个通用对话框。

  C. 调用通用对话框控件的 ShowColor 方法，可以打开"颜色"对话框。

  D. 调用通用对话框控件的 ShowOpen 方法，可以直接打开对话框中指定的文件。

(8) 通用对话框控件建立"打开"对话框时，在文件列表框中只允许显示文本类型的文件，则 Filter 的正确设置是(　　)。

  A. Text(. txt) | * . txt   B. 文本文件 | (. txt)

  C. Text(. txt) | | * . txt   D. Text(. txt) (* . txt)

(9) 在缺省状态下，VB 的启动窗体是(　　)。

  A. 不包含任何控件的窗体   B. 第一个添加的窗体

  C. 最后一个添加的窗体   D. 在"工程属性"对话框中指定的窗体

(10) 让窗体从屏幕上消失，但仍在内存中，所使用的方法或语句为(　　)。

  A. Show   B. Hide   C. End   D. Unload

8-3　简答题

(1) 一个完整的菜单系统包括哪些组成元素？

(2) 如何创建弹出式菜单？

(3) 什么是模式对话框？什么是非模式对话框？两者有什么差别？

(4) 如何设定启动窗体？

(5) 如何进行窗体的加载、显示、隐藏和卸载？

(6) 如何创建一个 MDI 子窗体？如何显示一个 MDI 子窗体？

第9章 文 件

文件操作是程序设计可以实现的最基本的功能之一，可以实现数据"永久"性地保存。Visual Basic 具有较强的文件处理能力，为用户提供了多种处理文件的方法及大量与文件系统有关的函数和控件。本章主要介绍文件的基本概念、文件的访问方式和文件系统控件的应用操作等知识。

9.1 文件概述

9.1.1 文件的结构

文件是指存储在外部介质（如磁盘）上的数据的集合，每一个文件由一个文件名作为标识。计算机处理的数据一般都是以文件的形式存放到外部介质上，操作系统以文件为单位进行数据管理。为了有效地进行数据存取，数据必须以某种特定的方式存放，这种特定的方式称为文件结构。Visual Basic 文件由记录的集合组成，记录由字段组成，字段由字符组成。

字符：是构成文件的最基本单位，可以是字母、数字、特殊符号或单一字节。一个西文字符用一个字节存放，一个汉字字符通常用两个字节存放。

字段：也称域，由若干个字符组成，用来表示一项数据。例如，学号、姓名、年龄等都称为字段。

记录：由一组相关的字段组成，相当于表格中的一行。Visual Basic 是以记录为单位处理文件中的数据。

文件：是由具有相同结构的记录构成的集合。

9.1.2 文件的分类

按照不同的标准，文件可分为不同的类型。

（1）按数据性质可分为程序文件和数据文件。

程序文件中存储的是可以由计算机执行的程序以及运行程序所需要的支持文件，如Visual Basic 中的窗体文件（.frm）、可执行文件（.exe）等；数据文件中存储的是普通数据，如文本文件、Word 文档等。

（2）按数据编码方式可分为 ASCII 文件和二进制文件。

ASCII 文件也称为文本文件，存储的是各种数据的 ASCII 代码，可以使用普通的文本处理工具进行操作，如记事本、写字板等；二进制文件存储的是各种数据的二进制代码，以字节为单位进行存取，必须用专用程序打开。

（3）按文件存取方式和结构可分为顺序文件、随机文件和二进制文件。

顺序文件是指按顺序存取的文件，文件中的每条记录按顺序存放，记录长度不固定，对文件的读写操作按从头到尾的顺序进行。顺序文件结构简单，占用磁盘空间较少。但是不能同时进行读写操作，且对某一条记录进行修改时，必须重写全部记录。

随机文件也称为直接文件，是由相同长度的记录组成，每条记录都有唯一的记录号。随机文件可以按记录号访问任意一条记录，不必考虑各个记录的排列顺序，且可以方便地修改记录而无需全部重写。

二进制文件是二进制数据的集合，是以字节为单位进行读写操作的。二进制文件以字节数来定位数据，可以对文件中各个字节的数据直接进行存取。适用于读写任意结构的文件。

9.1.3　文件的访问

在 Visual Basic 中，不同类型文件的访问方式是不同的。但对文件处理的操作基本相同，一般按照下述三个步骤进行：

（1）打开（或建立）文件

一个文件必须先打开或建立之后才能使用。这时，系统会为文件在内存中开辟一个专门的数据存储区域，称为文件缓冲区。每一个文件缓冲区都有一个编号，称为文件号。缓冲区通过文件号与文件进行关联。

（2）读/写文件

文件打开后，就可以执行所需的读/写操作。将文件中的数据读入到计算机内存中供程序使用的过程称为读操作。将计算机内存中的数据存储到文件中的过程称为写操作。

（3）关闭文件

文件操作结束后，要关闭文件以释放相关的系统资源，缓冲区中的剩余数据被读入内存或写入文件。

9.2　顺序文件

顺序文件就是文本文件，数据以字符的形式存储。从第一条记录按顺序读到最后一条记录，不可以跳跃式访问。查找数据时，也必须从第一条记录开始，一个一个字符地查找。修改某条记录时，必须将整个文件读入内存，修改完成后将所有的数据重新写入。

1. 打开文件

在对文件进行操作之前，必须先打开文件，同时标明对文件所进行的操作。打开文件使用 Open 语句。

格式：

Open 文件名 For 模式 As [#] 文件号

功能：为文件分配缓冲区，确定文件的存取方式，并将文件与一个文件号关联。

说明：

（1）文件名：可以是字符串常量或字符串变量。如果文件不在当前应用程序所在目录下，要使用绝对路径。如果文件在当前应用程序所在目录下，可以用 App. Path 来获取当前程序路径。

例如，输出当前程序路径。

　　　　Print　App. Path

（2）模式有下列三种形式：

Input：以此模式打开的文件是用来进行读操作的。文件必须已经存在，否则产生错误。

Output：以此模式打开的文件是用来进行写操作的。数据以覆盖的方式写入文件，原有数据将丢失。若文件不存在，则创建新文件。

Append：以此模式打开的文件也是用来进行写操作的。与 Output 方式不同，文件原有的内容被保留，新写入的数据被追加到文件尾部。若文件不存在，则创建新文件。

（3）文件号：是一个介于 1~511 之间的整数。打开一个文件时，需要为该文件指定一个文件号，文件号就代表该文件。直到文件关闭后，此文件号才可以被其他文件使用。也可以利用 FreeFile( ) 函数获得可利用的文件号。

（4）用法举例：

① 打开 E 盘根目录下的 data. txt 文件，供写入数据，指定文件号为 1。

Open "E:\data. txt" For Output As #1

② 打开 E 盘根目录下的 data. txt 文件，供写入数据，利用 FreeFile( ) 函数获得文件号。

FileNumber = FreeFile( )

Open "E:\data. txt" For Output As #FileNumber

③ 打开当前应用程序所在目录下的 student. txt 文件，供读取数据，指定文件号为 2。

Open App. Path + " \student. txt" For Input As #2

2. 关闭文件

对文件进行读写操作后，应使用 Close 语句将文件关闭。

格式：

Close [[#]文件号] [, [#]文件号] …

功能：关闭文件，释放该文件相关联的文件号，供其他 Open 语句使用。如果程序执行写操作，则关闭后文件缓冲区中的剩余数据写入文件中。如果程序执行读操作，则关闭后文件缓冲区中的剩余数据读入内存。

说明：

（1）若关闭多个文件，文件号之间用逗号分隔。

例如，关闭打开的 1 号文件。

　　Close #1

关闭打开的 1 号和 2 号文件。

　　Close #1，#2

（2）若 Close 语句后面没有跟随文件号，则关闭 Open 语句打开的所有文件。

（3）除使用 Close 语句关闭文件外，程序结束时将自动关闭所有打开的数据文件，但仍建议使用 Close 语句关闭。

3. 写操作

以 Output 或 Append 方式打开的文件，可以使用 Write #和 Print #语句完成写操作。

（1）Write #语句

格式：

Write #文件号， [**输出列表**]

功能：将数据写入到指定的文件中。

说明：

① 输出列表中的输出项可以是常量、变量或表达式，各个输出项之间可以用逗号或分号分隔。

② Write #语句以紧凑格式存放数据，存放在文件中的数据项之间自动用逗号分隔。

③ Write #语句输出字符串时加双引号，输出 Boolean 型数据时前后加"#"。

例如，将数据"lily",2015,"Math"，88 写入 1 号文件中。

Write #1,"lily",2015,"Math",88

Write #1,"lily";2015;"Math";88

写入后，在文件中的格式为：

"lily",2015,"Math",88

"lily",2015,"Math",88

（2）Print #语句

格式：

Print #文件号，〔 输出列表 〕

功能：将数据按指定的格式写入到指定的文件中。

说明：

① "输出列表"是指〔 ｛ Spc(n) ｜ Tab 〔 (n) 〕 ｝ 〕〔表达式列表〕〔;｜,〕，Spc 函数、Tab 函数等与在 Print 方法中使用方法相同。

② Print #语句按设定的格式写入数据，不自动加分隔符。如果输出项之间用逗号分隔，则按分区格式输出到文件。如果输出项之间用分号分隔，则按紧凑格式输出到文件。

③ Print #语句写入数值时，会在数值前加一列空格。

例如，将数据"lily",2015,"Math"，88 写入 1 号文件中。

Print #1,"lily",2015,"Math",88

Print #1,"lily";2015;"Math";88

在文件中的格式为：

lily   2015   Math   88

lily 2015 Math 88

（3）用法举例

【例 9-1】 利用 Print #和 Write #语句将数据写入到文件中。

```
Private Sub Form_Click( )
   Open App. Path + " \Test1. txt" For Output As #1
   Write #1,
   Write #1,100001,"王红","英语",85
   Write #1,100002,"李磊","英语",90
   Write #1,100001;"王红";"英语";85
   Write #1,100002;"李磊";"英语";90
   Print #1,
   Print #1,100001,"王红","英语",85
   Print #1,100002,"李磊","英语",90
   Print #1,100001;"王红";"英语";85
   Print #1,100002;"李磊";"英语";90
   Print #1,
   Print #1,Spc(5);100001;"王红";"英语";85
   Print #1,Spc(5);100002;"李磊";"英语";90
   Close #1
End Sub
```

程序运行结果如图 9-1 所示。

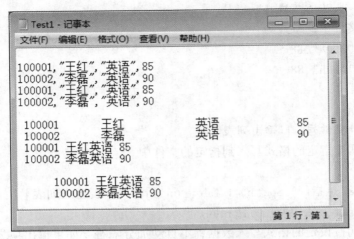

图 9-1　例 9-1 程序运行界面

4. 读操作

在介绍读入语句之前，先介绍 3 个与文件操作相关的函数。

① EOF(文件号)

判断是否到达打开文件的末尾。如果到了文件末尾，则返回 True(-1)，否则返回 False (0)。

② LOC(文件号)

返回一个长整型数据，指出文件当前的读/写位置。如果是随机文件，返回最近读/写的记录号。如果是二进制文件，返回最近读/写的字节位置。

③ LOF(文件号)

返回打开文件所含的字节数。例如，LOF(1)返回 1 号文件的长度，如果返回 0，表示该文件是一个空文件。

要读取顺序文件的内容，首先应该以 Input 模式打开文件，然后使用 Input #语句、Line Input #语句或 Input 函数把文件中的数据读入到程序变量中。

(1) Input #语句

格式：

Input #文件号，变量列表

功能：从打开的文件中读出数据，并分别赋给变量列表中对应的变量。

说明：

① 变量列表可以是一个或多个变量，各变量之间用逗号分隔。

② 变量的类型应与文件中数据的类型对应一致。

③ 为了 Input #语句能将数据正确读出，数据在写入文件时，必须使用 Write #语句。因为 Write #语句可以确保将各个数据项正确地区分开。

④ 在读取数据时，如果达到文件尾部，则会终止读取，并产生一个错误，因此需要加语句进行判断。

例如，文件中有 Write #语句写入的多条数据，如图 9-2 所示。

如果想读出第一条数据，可以使用下面语句完成。

172

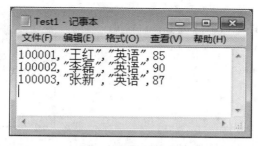

图 9-2 文件内容

Dim Num As Long,Name As String,Course As String,Score As Integer

Open "D:\Test1. txt" For Input As #1

Input #1,Num,Name,Course,Score

Close #1

则 Num 的值为 100001，Name 的值为"王红"，Course 的值为"英语"，Score 的值为 85。

如果想读出全部数据，需要用 EOF 函数判断是否达到文件尾部。下面语句读出文件中的全部内容并打印在窗体上，程序运行结果如图 9-3 所示。

图 9-3 程序运行界面

Dim Num As Long,Name As String,Course As String,Score As Integer

Open "D:\Test1. txt" For Input As #1

Do While Not EOF(1)

    Input #1,Num,Name,Course,Score

    Print Num,Name,Course,Score

Loop

Close #1

（2）Line Input #语句

格式：

    Line Input #文件号，字符串变量

功能：从打开的文件中读取一行数据，并将其赋给指定的字符串变量。

说明：

① 进行文件读取时，遇到回车符或换行符结束，因此数据中不包含回车符和换行符。

② Line Input #语句与 Input #语句不同之处是：Input #语句读取的是数据项，而 Line Input #语句读取的是文件中的一行。

例如，利用 Line Input #语句将图 9-2 所示文件中的数据读出，并打印在窗体上，程序运行结果如图 9-4 所示。

```
Dim strLine As String
Open App. Path + " \Test1. txt" For Input As #1
Do While Not EOF(1)
    Line Input #1 , strLine
    Print strLine
Loop
Close #1
```

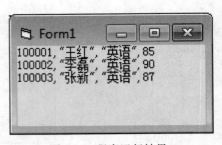

图 9-4   程序运行结果

如果只读出文件中的第一行数据，则去掉 Do While
循环语句即可。

如果将文件中的数据显示在文本框中，可用如下代码实现，程序运行结果如图 9-5 所
示。如果程序中不加 vbCrLf，则所有数据在一行显示，不
会自动换行。

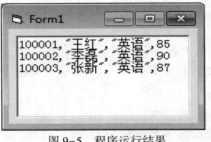

图 9-5   程序运行结果

```
Dim strLine As String
Open App. Path + " \Test1. txt" For Input As #1
Do While Not EOF(1)
    Line Input #1 , strLine
    Text1. Text = Text1. Text + strLine + vbCrLf
Loop
Close #1
```

（3）Input 函数

格式：

Input（读取的字符个数，#文件号）

功能：从文件中读取指定长度的字符串。与 Input #语句不同，Input 函数返回它所读出
的所有字符，包括逗号、回车符、空白列、换行符、引号和前导空格等。

例如，从 1 号文件中读取 50 个字符赋给变量 mystr。

```
        mystr = Input(50, #1)
```

5. 顺序文件应用举例

【例 9-2】 设计一个简单的文件处理程序，界面如图 9-6 所示。单击"打开文件"按钮，
将"D：\Myfile. txt"文件中的内容读入到文本框中。单击"保存文件"按钮，把文本框中的内
容写入到"D：\Myfile. txt"文件中。

（1）"打开文件"按钮事件过程

```
Private Sub Command1_Click( )
    Dim strLine As String
    Open "D:\Myfile. txt" For Input As #1
    Do While Not EOF(1)
        Line Input #1 , strLine
        Text1. Text = Text1. Text + strLine + vbCrlf
    Loop
    Close #1
End Sub
```

174

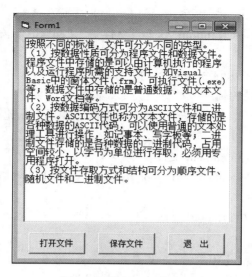

图 9-6　例 9-2 运行界面

（2）"保存文件"按钮事件过程

```
Private Sub Command2_Click( )
    Open "D:\Myfile.txt" For Output As #1
    Print #1,Text1.Text
    Close #1
End Sub
```

9.3　随机文件

随机文件是由相同长度的记录集合组成的文件。通过每条记录指定的记录号，随机文件可以任意读写其中的一条记录。由于每条记录所包含的字段数和数据类型都相同，因此，在操作随机文件时，需要通过 Type 语句来定义数据类型。

下面用一个简单的示例来说明访问随机文件的过程。例如，在 C 盘根目录下创建一个随机文件 student.dat，里面包含四条记录，每条记录包含四个数据项，分别为学号、姓名、年龄和班级。

1. 定义记录类型

添加标准模块，定义记录类型和记录变量。

```
Type studType
    Number As String * 6
    Name As String * 8
    Age As Integer
    Class As String * 5
End Type
Public stud As studType
```

2. 打开文件

随机文件的打开也是使用 Open 语句。

175

格式：
Open 文件名 For Random As [#]文件号 [Len=记录长度]

说明：

（1）For Random 表示打开随机文件。

（2）Len 用来指定记录的长度，缺省值为 128 个字节。

（3）如果 Len 比记录的实际长度短，会产生错误。如果 Len 比记录的实际长度长，则可写入。

例如，打开随机文件 student. dat 文件。

　　　　　Open "C:\student. dat" For Random As #1 Len=Len(stud)

3. 读操作

使用 Get 语句从随机文件中读取数据。

格式：

Get [#]文件号，[记录号]，变量名

功能：将由记录号指定的一条记录读入到变量中。

说明：如果省略记录号，则表示读取当前记录的下一条记录。

例如，读出 student. dat 文件中第三条记录，并赋值给 stud 变量。

　　Get #1，3，stud

　　读出文件中的全部记录，并显示在窗体上。

　　recnum = LOF(1) / Len(stud)　　'文件中的记录总数

　　For i = 1 to recnum

　　　　Get #1,i,stud

　　　　Print stud. Number,stud. Name,stud. Age,stud. Class

　　Next i

4. 写操作

使用 Put 语句向随机文件中写数据。

格式：

Put [#]文件号，[记录号]，变量名

功能：将一个记录变量的内容，按照指定的记录号，写入到随机文件中。

说明：

（1）如果忽略记录号，则表示在当前记录后插入一条记录。

（2）如果记录号已经存在，则该记录号的原有数据被覆盖。

例如，在文本框中输入数据，保存在文件中。

　　With stud

　　　　. Number = Text1. Text

　　　　. Name = Text2. Text

　　　　. Age = Val(Text3. Text)

　　　　. Class = Text4. Text

　　End With

　　recnum = LOF(1) / Len(stud)

　　Put #1,recnum + 1,stud

5. 关闭文件

与关闭顺序文件相同，使用 Close 语句。

格式：

        Close ［［＃］文件号］［，［＃］文件号］…

6. 随机文件应用举例

【例 9-3】 编写如图 9-7 所示的学生信息管理系统。单击"录入"按钮，将录入信息添加到文件中；单击"查询"按钮，按照记录号，查找学生信息，并显示在文本框中。

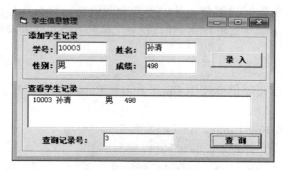

图 9-7　例 9-3 运行界面

（1）自定义用户类型

Private Type student

    Id As Integer

    Name As String ＊ 10

    Sex As String ＊ 2

    Score As Integer

End Type

Dim stu As student

（2）"录入"按钮事件过程

Private Sub Command1_Click( )

    Dim recordno As Integer

    stu. Id = Val(Text1. Text)

    stu. Name = Text2. Text

    stu. Sex = Text3. Text

    stu. Score = Val(Text4. Text)

    Open "d：\student. dat" For Random As #1 Len = Len(stu)

    recordno = LOF(1) / Len(stu) + 1

    Put #1 , recordno , stu

    Close #1

End Sub

（3）"查询"按钮事件过程

Private Sub Command2_Click( )

    Dim recordno As Integer

    recordno = Val(Text6. Text)

    Open "d：\student. dat" For Random As #1 Len = Len(stu)

```
Get #1 ,recordno ,stu
Close #1
Text5. Text = Str( stu. Id) & " " & stu. Name & " " & stu. Sex & " " & Str( stu. Score)
End Sub
```

9. 4 二进制文件

二进制文件是二进制数据的集合，是以字节为单位进行读写操作的，与随机文件的访问十分类似。文件打开后，读与写操作可同时进行。当要保持文件的存储容量尽量小时，应使用二进制文件访问。

1. 打开与关闭文件

二进制文件的打开与关闭仍然使用 Open 语句和 Close 语句。

格式：

Open 文件名 For Binary As [#]**文件号**

Close [[#]文件号] [,[#]文件号] …

说明：二进制文件访问中的 Open 语句与随机文件不同，参数 Random 改为 Binary，并且不指定记录长度。

2. 读操作

读取二进制文件可以使用 Get 语句。

格式：

Get [#]**文件号，**[**位置**]**，变量名**

功能：读取文件指定位置处的数据并赋值给变量。

说明：读取的字节数与变量类型有关，如果变量是整型，则读取 2 个字节给变量。如果读取位置超过文件长度，不会报错，但读取内容错误。

3. 写操作

写入二进制文件可以使用 Put 语句。

格式：

Put [#]**文件号，**[**位置**]**，变量名**

功能：将数据写入到文件指定的位置处。若默认，则文件指针从头到尾顺序移动。Put 语句向文件写的字节数等于变量长度。

4. 二进制文件应用举例

【例 9-4】　编写程序，将 D 盘根目录中的二进制文件 BinaryTest. dat 复制到 E 盘，改名为 NewBinary. dat。

```
Dim char As Byte
Open "D:\BinaryTest. dat" For Binary As #1
Open "E:\NewBinary. dat" For Binary As #2
Do While Not EOF(1)
    Get #1 , ,char
    Put #2 , ,char
Loop
Close #1 ,#2
```

9.5 文件系统控件

当对文件进行操作时，需要显示关于磁盘驱动器、文件夹和文件的信息，这时可以使用 Visual Basic 提供的文件系统控件来实现。

9.5.1 文件系统控件

Visual Basic 提供了 3 个文件系统控件，分别是驱动器列表框(DriveListBox)、目录列表框(DirListBox)和文件列表框(FileListBox)。这 3 个控件是 Visual Basic 的内部控件，总是出现在工具箱中，如图 9-8 所示。利用这些控件可以构成一个简单的文件管理系统，如图 9-9 所示。

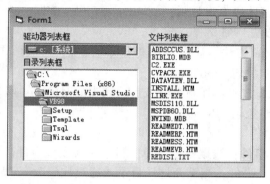

图 9-8　文件系统控件　　　图 9-9　文件管理系统

1. 驱动器列表框(DriveListBox)控件
用来显示当前系统安装的所有驱动器。外观与组合框相似，是一个下拉式列表框，默认情况下，显示当前驱动器的名称。

（1）属性

Drive 属性：用于设置或返回程序运行时的当前驱动器，只能在代码中设置。

例如，程序启动后，驱动器列表框中显示的驱动器是 D 盘。

```
Private Sub Form_Load( )
    Drive1. Drive = "D"
End Sub
```

例如，获取当前驱动器。

```
Private Sub Form_Click( )
    Print Drive1. Drive
End Sub
```

（2）方法

SetFocus 方法：让驱动器列表框获得焦点，一般形式为：

　　对象名 . SetFocus

Refresh 方法：强制重绘驱动器列表框对象，一般形式为：

　　对象名 . Refresh

（3）事件

Change 事件：当重新选择驱动器或通过代码改变 Drive 属性值时触发该事件。

2. 目录列表框(DirListBox)控件🗔

用来显示当前磁盘上的所有文件夹，当用户双击控件中的文件夹时，不需编程就能自动显示下一级文件夹。

(1)属性

Path 属性：用于设置或返回当前路径(包括驱动器名和目录名)，只能在代码中设置。

例如，返回当前所选目录的路径。

```
Private Sub Form_Click( )
        Print Dir1. Path
    End Sub
```

则在窗体界面上显示：c:\Program Files\Microsoft Visual Studio\VB98

(2)方法

SetFocus 方法：让目录列表框获得焦点，一般形式为：

        对象名 . SetFocus

Refresh 方法：强制重绘该目录列表框对象，一般形式为：

        对象名 . Refresh

(3)事件

Click 事件：当鼠标左键单击目录时触发该事件。

Change 事件：当重新选择目录或通过代码改变 Path 属性值时触发该事件。

3. 文件列表框(FileListBox)控件🗔

用来显示当前选择文件夹下的所有文件名。

(1)属性

该控件常用属性有 Path 属性、FileName 属性和 Pattern 属性。

① Path 属性：用于设置或返回当前显示文件的路径(包括驱动器名和目录名)，只能在代码中设置。

② FileName 属性：用来设置或返回文件列表框中所选的文件名，如果没有选择任何文件，则返回一个空字符串。

【注意】FileName 属性不包括路径名。比如路径为"D:\data\datatext. txt"，FileName 属性只返回 datatext. txt。在程序中要使用文件系统控件浏览文件，就必须获得全路径文件名，通常将文件列表框的 Path 属性值和 FileName 属性值连接来获取路径。但要判断 Path 属性值的最后一个字符是否是目录分隔号"\"，如果不是，应添加一个目录分隔号"\"，以保证目录分隔正确。一般采用如下的程序代码获取全路径文件名：

```
If Right( Dir1. Path, 1) = "\" Then
    file = Dir1. Path & File1. FileName
Else
    file = Dir1. Path & "\" & File1. FileName
End If
```

③ Pattern 属性：用于设置或返回文件列表框中所显示的文件类型。该属性既可以通过属性窗口设置，也可以在代码中设置。

例如，只显示 Word 文档文件。

```
File1. Pattern = " * . doc "
```

例如，显示 Word 文档文件、JPG 文件和 COM 文件。

   File1. Pattern = " ＊. doc；＊. JPG；＊. COM "

例如，只显示文件名包含三个字符的文本文件。

   File1. Pattern = "??? . txt "

（2）方法

SetFocus 和 Refresh 方法与驱动器列表框的同名方法类似。

（3）事件

Click 事件：当鼠标左键单击文件时触发该事件。

DblClick 事件：当鼠标左键双击文件时触发该事件。

4. 文件系统控件的联动

  放置在窗体上的控件之间没有任何关联。要想选择驱动器时显示该驱动器下的所有目录，或者选择目录时显示该目录下的所有文件，必须在驱动器列表框和目录列表框的 Change 事件过程中编写相应代码。程序代码如下：

```
Private Sub Drive1_Change( )        '改变驱动器时引发目录变化
    Dir1. Path = Drive1. Drive
End Sub
Private Sub Dir1_Change( )          '改变目录时引发文件列表变化
    File1. Path = Dir1. Path
End Sub
```

9.5.2　文件操作语句

文件的基本操作语句包括文件的删除、复制、移动和重命名。

1. FileCopy

格式：FileCopy 源文件名，目标文件名

功能：复制一个文件。

说明：文件名中可以包含目录或文件夹以及驱动器，不能复制一个已打开的文件，会产生错误。

例如，将 D 盘根目录下的 data. txt 文件复制到 E 盘的根目录下，并命名为 datatext. txt。

   FileCopy " D：\data. txt "," E：\datatext. txt "

2. Kill

格式：Kill 文件名

功能：删除磁盘上的文件。

说明：文件名中可以包含目录或文件夹以及驱动器，支持使用(＊)和(?)通配符。

例如，删除 E 盘根目录下的所有扩展名为 . txt 的文件。

   Kill " E：\ ＊. txt "

3. Name

格式：Name 旧文件名 As 新文件名

功能：将文件、目录或者文件夹进行重命名。

说明：不能使用通配符，具有移动文件的功能，不能对已打开的文件进行重命名操作。

例如，将当前文件夹下的 data. txt 文件重命名为 datatext. txt。

   Name "data. txt" As "datatext. txt"

4. ChDrive

格式：ChDrive 驱动器

功能：改变当前的驱动器。

说明：如果驱动器参数为空，则驱动器不会改变。如果驱动器参数位置有多个字符，则 ChDirve 只会使用首字母。

例如，使 E 盘成为当前盘

　　　ChDrive " E:"

5. MkDir

格式：MkDir 文件夹名

功能：创建一个新的目录或文件夹。

说明：目录和文件名可以包含驱动器，如果没有指定驱动器，则在当前驱动器上创建新的目录或文件夹。

例如，在 D 盘根目录下建立一个名为 txt 的文件夹。

　　　MkDir " D:\txt "

6. ChDir

格式：ChDir 文件夹名

功能：改变当前目录或文件夹。

说明：如果没有指定驱动器，则会在当前的驱动器上改变默认的目录或文件夹。ChDir 语句可以改变默认目录位置，但不会改变默认驱动器位置。

例如，如果默认的驱动器是 C 盘，下面的语句会改变驱动器 D 盘上的默认目录，但默认的驱动器仍然是 C 盘。

　　　ChDir " D:\TMP "

7. RmDir

格式：RmDir 文件夹名

功能：删除一个存在的目录或文件夹。

说明：目录和文件名可以包含驱动器。如果没有指定驱动器，则 RmDir 会在当前驱动器上删除目录或文件夹。但不能删除一个含有文件的目录。

例如，删除 D 盘根目录下名为 txt 的文件夹。

　　　RmDir " D:\txt "

8. SetAttr

格式：SetAttr 文件名 属性

功能：为一个文件设置属性信息。

说明：文件名可以包含目录或文件夹以及驱动器，不能对已打开的文件设置属性。属性参数的值及其描述如表 9-1 所示。

表 9-1　属性值及其描述

常数	值	描述	常数	值	描述
VbNormal	0	常规	VbHidden	2	隐藏
VbReadOnly	1	只读	VbSystem	4	系统文件

例如，设置文件 File1 属性为只读。

　　　SetAttr "File1",vbReadOnly

小　结

本章学习了常用的文件处理方法以及文件系统控件的相关知识。根据文件存取方式和结构分类，文件可以分为顺序文件、随机文件和二进制文件，每类文件都有其自身的优缺点，应根据实际情况进行选择。不同文件具有不同的读写操作，需要读者重点掌握。文件系统控件包括驱动器列表框、目录列表框和文件列表框，用来显示磁盘驱动器、文件夹和文件的信息，控件添加到窗体后需要设置文件系统控件的联动，才能将控件关联起来。

习　题

9-1　填空题

（1）文件操作的一般步骤是打开文件、_____和关闭文件。

（2）按照存取方式分类，Visual Basic 把文件分为_____、随机文件和二进制文件。

（3）当写入数据时，覆盖顺序文件中原有的数据，Open 语句应以_____模式打开。

（4）顺序文件的读操作可通过_____、_____语句和_____函数实现。

（5）顺序文件的写操作可通过 Print #和_____实现。

（6）语句 Input(12, #2)表示一次从文件中读取_____个字符。

（7）打开文件时，可通过_____函数获得可利用的文件号。

（8）返回打开文件大小的函数是_____。

（9）使用驱动器列表框的_____属性可以设置或返回磁盘驱动器的名称。

（10）文件列表框中用于设置或返回所选文件的路径和文件名的属性是_____。

9-2　选择题

（1）（　　　　）是构成文件的最基本单位。

    A. 记录　　　　　　　　B. 字段　　　　　　　　C. 字符　　　　　　　　D. 字节

（2）根据数据的编码方式，文件可分为（　　　　）。

    A. 顺序文件和随机文件　　　　　　　　B. ASCII 码文件和二进制文件

    C. 程序文件和数据文件　　　　　　　　D. 以上都不对

（3）关于顺序文件的描述，正确的是（　　　　）。

    A. 每条记录的长度必须相同。

    B. 可通过编程对文件中的某条记录方便的修改。

    C. 数据只能以 ASCII 码形式存放到文件中。

    D. 文件的组织结构复杂。

（4）关于随机文件的描述，正确的是（　　　　）。

    A. 记录号是通过随机数产生的。

    B. 可以通过记录号随机读取记录。

    C. 记录的内容是随机产生的。

    D. 记录的长度是任意的。

（5）下面以顺序文件打开并进行写操作的是（　　　　）。

    A. Open "D：\ data. txt" For Output as #1

B. Open "D：\ data. txt" For Input as #1

C. Open "D：\ data. txt" For Print as #1

D. Open "D：\ data. txt" For Write as #1

(6) 文件号最大可取值为(　　　　)。

    A. 158　　　　　　　　B. 256　　　　　　　　C. 511　　　　　　　　D. 512

(7) 下列命令中，(　　　)可实现对随机文件的写操作。

    A. Get　　　　　　　　B. Input　　　　　　　　C. Write　　　　　　　　D. Put

(8) 下列命令中，(　　　)可实现判断是否到达文件尾。

    A. LOC　　　　　　　　B. LOF　　　　　　　　C. BOF　　　　　　　　D. EOF

(9) 在文件列表框中，只允许显示文本类型的文件，则 Pattern 属性的设置为(　　　　)。

    A. Text ｜ (＊. txt)　　　B. 文本文件 ｜ (＊. txt)

    C. (＊. txt)　　　　　　　D. ＊. txt

(10) 改变驱动器列表框的 Drive 属性值将激活(　　　)事件。

    A. Change　　　　　　　B. Scroll　　　　　　　C. KeyDown　　　　　　D. KeyUp

9-3　简答题

(1) 顺序文件、随机文件和二进制文件各自的特点是什么？

(2) Print #语句和 Write #语句的区别是什么？

(3) 打开顺序文件 Student. Dat，在文件尾部添加数据，设其文件号为 3。

9-4　编写程序将字母 A～Z 写入到顺序文件中。

9-5　编写程序统计文本文件 data. txt 中字符"c"出现的次数。

第10章 数据库程序设计

数据库(DataBase)是一门发展迅速的计算机技术,对于大量数据的存储和管理,使用数据库比使用文件具有更高的效率。VB6.0在数据库管理方面做了很大的改进,它不仅提供了新的数据库访问接口 ADO(ActiveX Data Objects),而且还可以使用系统集成的可视化数据库工具访问和管理数据库,给用户带来了极大的方便。

10.1 数据库基础知识

10.1.1 数据库的概念

数据库是一组特定数据的集合,它能保存数据并允许用户访问所需的数据。为了便于数据的保管和处理,在把它们存入数据库时必须遵循一定的数据结构和组织方式。数据库的数据组织方式有多种,目前,关系模型是数据库设计事实上的标准。关系数据库是支持关系模型的数据库系统,它采用二维表存储数据,是根据表、记录和字段之间的关系组织和访问的一种数据库。下面介绍关系数据库中的一些基本概念。

1. 表

在关系数据库中,常见的二维表由表头、行和列组成,如表 10-1 所示。行被称为"记录",列被称为"字段"。一条记录往往保存的是一组相对完整的信息,如一个学生的信息,一本书的信息等,而一个字段描述的是信息的某一具体方面,比如书名、编号等。

表 10-1　图书信息表

编号	书名	作者	出版社
1001	Visual Basic 程序设计教程	蒋加伏	清华大学出版社
1002	中文版 Photoshop CS3 完全自学教程	李金明	人民邮电出版社
1003	计算机文化基础(第 5 版)	李秀	清华大学出版社
1004	Visual Basic 6.0 程序设计案例教程	黄冬梅	清华大学出版社
…	…	…	…

2. 关键字

如果表中的一个或者多个字段的组合能够唯一地确定一条记录,则称这个字段或多个字段的组合为候选关键字。一张数据表可以有多个候选关键字,但只能选其中之一作为主关键字。主关键字字段必须具有唯一的值,且不能为空值。例如表 10-1 中的"编号"字段就可以作为主关键字,因为对于每本书来说,它的编号是唯一的,且不能出现空值。

3. 索引

数据库建成之后,为了便于查找,可以在数据库中建立索引来加快查找速度。索引是建立在表上的单独的物理数据库结构,基于索引的查询使数据获取更为快捷。索引可以是表中的一个或多个字段。数据库的索引和书的目录索引很类似,通过索引就能很快找到所需的内容。

10.1.2 数据库应用程序的构成

VB 数据库应用程序主要由 3 部分组成：数据绑定控件、数据源控件和数据库。

数据绑定控件主要用于输入、显示、编辑数据表中的记录与字段值，是与数据源控件结合使用访问数据库的控件，是构成数据库应用程序界面的主体。VB 内部控件中的标签、文本框、复选框、列表框、组合框、图像框、图片框控件均可用于绑定数据库中的数据。此外，ActiveX 控件中的 DBGrid、DBList、DBCombo、MSFlexGrid 等也是数据绑定控件，这些控件在使用前需要先添加到工具箱中。

数据源控件是数据绑定控件与数据库、数据表连接的桥梁，是数据绑定控件从数据表获取数据的通道。常用的数据源控件有 Data 控件和 ADO Data 控件等。此外 DAO 对象和 ADO 对象也可作为数据源，连接数据库和数据表。相比而言，数据访问对象能够更好地支持数据库应用程序的开发，只是所有的操作都必须通过代码完成。

VB 支持多种数据库，默认的数据库是 Microsoft Access 数据库，即 .mdb 文件。建立数据库的方法很多，用户既可以使用专门的数据库应用程序，如 Microsoft Access、Oracle、Sql Server 等建立数据库，也可以使用 VB 自带的可视化数据管理器来创建和管理数据库。

数据绑定控件、数据源控件与数据库、数据表之间的连接关系如图 10-1 所示。

图 10-1　数据库应用程序的构成

10.1.3 可视化数据管理器

可视化数据管理器是 VB 提供的一种非常方便的数据库设计工具，具有创建数据库、设计和编辑数据表以及进行数据查询的功能。关于可视化数据管理器的使用可以参见例 10-1 中的数据库创建部分。需要注意的是，VB 支持对 Access 97 及之前版本的 Access 数据库的访问，而对于使用 Microsoft Access 2003 或更高版本创建的数据库，在 VB 的可视化数据管理器中不能使用，需将其转换成版本较低的 Access 数据库后才能打开。Microsoft Access 2003 数据库文件的转换方法是在窗口中执行"工具｜数据库实用工具｜转换数据库｜转为 Access 97 文件格式"菜单命令。

10.2　Data 数据控件

Data 控件是 VB 访问数据库最常用的工具之一，使用时不需编写任何代码就可以对数据库进行访问，从而大大地简化了数据库应用程序的开发。

Data 控件是 VB 提供的内部控件，工具箱中的图标为 ▤，它使用 Microsoft Jet 数据库引擎实现数据访问。将 Data 控件放置在窗体上，控件的外观为 ◄◄ ◄ Data ► ►►。在同一工程或同一窗体中可以添加多个 Data 控件，每个控件可以连接到不同的数据库或同一个数据库的不同表上。

1. Data 控件的主要属性

（1）Connect 属性

设置 Data 控件所要连接的数据库类型，默认值为 Access。此外，也可以连接 dBase、FoxPro 和 Paradox 等类型的数据库。

（2）DatabaseName 属性

设置或返回 Data 控件具体要连接的数据库的文件名，需要给出完整的路径，如"E：\LX\Data.mdb"。可以单击属性窗口中 DatabaseName 属性右侧的按钮，在弹出的对话框中选择相应的数据库，也可以在运行时通过语句进行设置。

（3）RecordSource 属性

RecordSource 属性用来确定具体可访问的数据。该属性值可以是数据库中的单个表名，也可以是一个查询或一个 SQL 语句。RecordSource 属性确定的可访问数据构成了一个记录集（RecordSet）。

（4）RecordsetType 属性

设置记录集对象的类型，默认值为 Dynaset，该属性共有以下三种设置：

① 0—Table 为表类型记录集，该类型是一个记录集合，代表能用来添加、更新或删除记录的单个数据库表。

② 1—Dynaset 为动态类型记录集，该类型是一个记录的动态集合，它可以是数据库中的单个表，也可以是从一个或多个表中得到的查询结果。可从动态类型的记录集中添加、删除或更新记录，并且任何改变都将反映在基本表上。

③ 2—Snapshot 为快照类型记录集，该类型是一个记录集合的静态拷贝，不能进行添加、删除和更改等操作，可用于查找数据或生成报表。一个快照类型的记录集能包含从同一数据库的一个或多个表中取出的字段，但字段不能更改。

表 10-2　BOFAction 和 EOFAction 属性设置

属性	取值	操作
BOFAction	0	当记录指针位于首记录之前时，记录指针重新定位到第一条记录
	1	当记录指针位于首记录之前时，记录集的 BOF 值为 True，且触发 Data 控件的 Validate 事件
EOFAction	0	当记录指针位于末记录之后时，记录指针重新定位到最后一条记录
	1	当记录指针位于末记录之后时，记录集的 EOF 值为 True，且触发 Data 控件的 Validate 事件
	2	向记录集中添加新的空记录，可对新记录进行编辑，移动记录指针时新记录写入数据库

（5）BOFAction 与 EOFAction 属性

确定当记录集的记录指针位于首记录之前或末记录之后时，程序要执行的操作。属性的取值及含义如表 10-2 所示。

（6）Exclusive 属性和 ReadOnly 属性

这两个属性是逻辑型，当 Exclusive 属性值为 True 时，以独占方式打开数据库，其他应用程序不能同时打开数据库；默认为 False，即允许多个用户同时访问数据库。当 ReadOnly 属性值为 True 时，数据库只读，不能修改其中的数据；值为 False 时，允许用户通过数据绑定控件编辑数据库中的记录内容。

2. Data 控件的方法

（1）Refresh 方法

Refresh 方法主要用来建立或重新显示与 Data 控件相连接的数据库记录集。如果在程序代码中改变控件的 DatabaseName、RecordSource、ReadOnly、Exclusive 或 Connect 等属性的值，则必须使用 Refresh 方法进行刷新才能使之生效。刷新后把记录集中的第 1 条记录作为当前记录。当多个用户同时访问同一数据库和表时，Refresh 方法将使各用户对数据库的操作有效。

（2）UpdateControls 方法

UpdateControls 方法可以把数据从数据库中重新读到与数据控件绑定的控件中，即可以在修改数据后调用该方法放弃对绑定控件内数据所作的修改。

（3）UpdateRecord 方法

UpdateRecord 方法可以将绑定控件中的当前内容写入数据库中，即可以在修改数据后调用该方法来确认修改。用此方法在 Validate 事件过程中将被绑定控件的当前内容保存到数据库中不会再次触发 Validate 事件。

3. Data 控件的事件

除了具有其他控件都有的事件（如 MouseDown、MouseUp 等）外，Data 控件还有与数据库访问相关的特有事件：Reposition 事件和 Validate 事件等。

（1）Reposition 事件

该事件在 Data 控件的记录集的记录指针移动时触发。不论是单击 Data 控件的箭头按钮还是使用相关的方法，只要移动了记录指针，就会触发 Reposition 事件。通常可以在这个事件中显示移动后记录指针的位置。

```
Private Sub Data1_Reposition( )
    Data1. Caption = Data1. Recordset. AbsolutePosition + 1
End Sub
```

（2）Validate 事件

该事件在移动记录指针到一条不同的记录前，修改和删除记录前或卸载含有数据控件的窗体前都会触发，通常用于检查数据的有效性。

10.3 记录集对象

记录集是由 RecordSource 属性确定的具体可访问的数据组成，VB 中使用 RecordSet 对象表示记录集。通过 RecordSet 对象，可以对 Data 控件所连接的数据进行各种操作。

1. RecordSet 对象的常用属性

（1）Fields 属性

RecordSet 对象的 Fields 属性是一个 Field 对象集合，通过该属性可以访问记录集中当前记录各个字段的信息。例如为记录集中当前记录的指定字段赋值，可以采用如下形式：

Data1. RecordSet. Fields（字段名）. Value＝值

由于 Value 是 Fields 集合的默认属性，Fields 是 RecordSet 对象的默认属性，所以上述语句也可以写成：

Data1. RecordSet. Fields（字段名）＝ 值

Data1. RecordSet（字段名）＝ 值

（2）RecordCount 属性

返回记录集中记录的条数,是只读属性。

(3) BOF 和 EOF 属性

BOF 属性用于判定记录指针是否在首记录之前,EOF 属性用于判定记录指针是否在末记录之后。在记录集中移动记录指针时,应不断地测试这两个属性的值。当 BOF 或 EOF 属性为 True 时,记录指针指向的不是有效记录,许多操作不能进行。

(4) AbsolutePosition 属性

返回记录指针当前的值,如果是第 1 条记录,返回 0;如果记录集中无记录,返回 -1。该属性为只读属性。

2. RecordSet 对象的常用方法

(1) Move 方法

使用 Data 控件的箭头按钮可以浏览记录,也可使用 Move 方法代替箭头按钮实现记录集的遍历。表 10-3 列出了数据集的 5 个 move 方法。

表 10-3　数据集的 Move 方法

方　法	功　　能
MoveFirst	使第一条记录成为当前记录
MoveLast	使最后一条记录成为当前记录
MoveNext	使当前记录的下一条记录成为当前记录
MovePrevious	使当前记录的前一条记录成为当前记录
Move［n］	从当前记录向前(n<0)或向后(n>0)移动 n 条记录

(2) Seek 方法和 Find 方法

使用 Seek 方法和 Find 方法均可将记录指针移动到满足条件的记录上,不同的是 Seek 方法只能用于表类型的记录集,且使用 seek 方法前必须打开表的索引,要查找的内容必须为索引字段;而 Find 方法可以用于 Dynaset 或 Snapshot 类型的记录集上。

Seek 方法的语法为:

Recordset. Seek comparison, key1, key2, ……

其中,comparison 参数是比较运算符,Seek 方法中可用的比较运算符有 >=、>、<=、<、=、<>等;key * 为当前索引中的各字段的值,最多可以有 13 个 key 值。

假设 book 表中的索引字段为"编号",索引名称为"No",则查找表中编号为"1001"的第一条记录可以使用如下语句:

Data1. Recordset. Index = "No"

Data1. Recordset. Seek " = ", "1001"

Find 方法实际上是 4 个方法:FindFirst、FindLast、FindNext、FindPrevious,分别查找满足条件的第一条、最后一条、下一条和前一条记录。它们的语法为:

Recordset. ｛FindFirst｜FindLast｜FindNext｜FindPrevious｝ criteria

其中,criteria 参数是字符串类型,指定查找条件。例如下面的语句可查找记录集中编号为"1001"的第一条记录。

Data1. Recordset. FindFirst "编号 = '1001'"

如果条件部分的常数来自于变量,例如编号由用户在文本框输入,则查找语句为:

Data1. Recordset. FindFirst "编号 =" & " ' " & Text1. Text & " ' "

如果编号为数值型，则上述语句中 Text1. text 左右两侧不用加单引号。

调用 Find 方法时，如果找到了满足条件的记录，则记录集的指针定位到该记录，记录集的 NoMatch 属性为 False；找不到相匹配的记录，则 NoMatch 为 True，记录集的指针位置保持不变。

（3）与编辑有关的方法

① AddNew 方法。

在记录集中添加一条新的空记录，并将该记录设为当前记录。

② Delete 方法。

删除记录集中的当前记录。删除一条记录后，数据绑定控件仍旧显示该记录的内容，需要调用 MoveNext 或 MovePrevious 方法使得有效记录成为当前记录。在移动指针后，应检查 EOF 或 BOF 属性。

③ Edit 方法。

使当前记录进入编辑状态。

④ Update 方法。

保存对当前记录所做的修改。一般情况下，在调用 AddNew 方法和 Edit 方法后，需调用 Update 方法保存所做的修改，否则在刷新记录集时所做的修改会丢失。如果希望取消对当前记录的编辑或放弃新添加的记录，可以使用前面介绍的 UpdateControls 方法，还可调用记录集的 CancelUpdate 方法。

10.4　数据绑定控件

Data 控件是 VB 的窗体和数据库之间联系的桥梁，利用 Data 控件可以访问数据库，但是它本身却不能显示数据库中的数据。数据的显示需要借助数据绑定控件完成。

VB 中能显示数据的控件基本都提供了数据绑定功能，如文本框、标签、图片框等。此外，VB 还提供了专门的数据绑定控件，如 DBGrid、DBCombo、DBList 等。

必须给数据绑定控件的下述两个属性设置适当的值，这些控件才能显示相应的信息。

（1）DataSource 属性

指定绑定控件所连接的数据源控件名称，即指定把控件绑定到哪个数据源上。在"属性"窗口中单击该属性右侧的下三角按钮，即可在下拉列表中选择可用的数据源。

（2）DataField 属性

指定控件对应的数据字段的名称。设置完控件的 DataSource 属性后，DataField 属性的下拉列表框中会自动列出所有可用的字段。

【例 10-1】　设计一个简单的图书管理程序，显示图书的编号、书名、作者和出版社等信息，可以实现增加、删除、修改和查询图书信息。运行效果如图 10-2 所示。

该程序的设计与实现大体分以下几步：

1. 建立数据库

（1）在 E 盘上创建文件夹 LX，用于存放数据库文件。

（2）启动可视化数据管理器

在 VB 集成开发环境中选择"外接程序 | 可视化数据管理器"菜单项，打开如图 10-3 所示的可视化数据管理器主窗口。

图 10-2　图书管理程序运行界面

图 10-3　可视化数据管理器主窗口

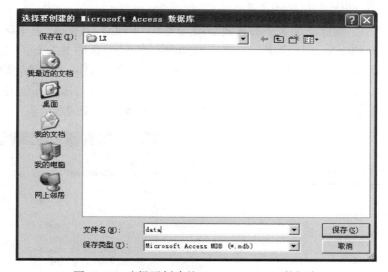

图 10-4　选择要创建的 Microsoft Access 数据库

（3）创建数据库

在可视化数据管理器窗口中单击"文件｜新建｜Microsoft Access｜Version 7.0 MDB"菜单项，打开如图 10-4 所示的对话框。在对话框中的"文件名"文本框中输入新建的数据库名"data"，选择数据库的存储路径为"E：\LX"，单击"保存"按钮，在可视化数据管理器的主窗口中出现"数据库窗口"和"SQL 语句"两个窗口，如图 10-5 所示。

（4）添加数据表

上面建立的数据库仅仅是个空壳，没有实际内容。接下来为数据库建立数据表，具体步骤为：

① 在数据管理器主窗口中的"数据库窗口"中单击鼠标右键，在弹出的快捷菜单中选择"新建表"命令，打开用于创建数据表的"表结构"对话框。

② 在"表结构"对话框中的"表名称"文本框输入要创建的数据表的名称"book"。

③ 单击"添加字段"按钮，弹出如图 10-6 所示的"添加字段"对话框。

④ 在"名称"文本框中输入字段名"编号"，设置字段的类型和大小分别为"Text"和"4"。设置完毕后，单击"确定"按钮，新增加的字段就会出现在"表结构"对话框的"字段列表"中。

图 10-5　可视化数据管理器的主窗口

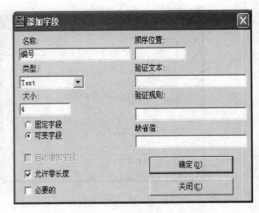

图 10-6　"添加字段"对话框

⑤ 重复第④步，继续添加表中的其他字段。表 10-4 列出了"book"表中的各个字段及其属性设置。当所有的字段添加完毕后，单击"添加字段"对话框中的"关闭"按钮，在"表结构"对话框中显示出所有添加的字段，如图 10-7 所示。如果要删除表中的字段，只要在"字段列表"中单击该字段，再单击"删除字段"按钮即可。表中字段的修改方法是先删除再重新建立。单击"生成表"按钮，在"数据库窗口"中就可以看到新生成的数据表了。

表 10-4　book 表结构

字段名	类型	大小
编号	Text	4
书名	Text	40
作者	Text	20
出版社	Text	30

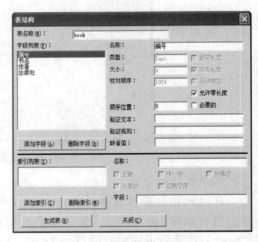

图 10-7　"表结构"对话框

（5）输入记录

在可视化数据管理器的"数据库窗口"中，用鼠标双击表名"book"，打开如图 10-8 所示

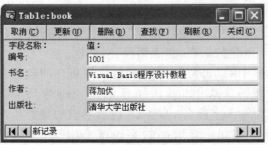

图 10-8　表维护对话框

的对话框。在值文本框中分别输入各字段的相应信息，然后单击"更新"按钮，即可将记录添加到数据表中。单击"添加"按钮可以输入下一条记录。

表 10-5　控件的属性设置

控件名称	属性	属性值
Data1	Caption	图书管理
	Connect	Access
	DatabaseName	E：\LX\data. mdb
	RecordsetType	1
	RecordSource	book
Text1 ~ Text4	DataSource	Data1
Text1	DataField	编号
Text2	DataField	书名
Text3	DataField	作者
Text4	DataField	出版社
Command4	Enabled	False

2. 界面设计

在窗体上添加 4 个标签，4 个文本框，5 个按钮，1 个 Data 控件，标签和按钮的 caption 属性，各控件的其他属性设置如表 10-5 所示。

3. 编写代码

（1）增加记录

命令按钮 Command1 的初始标题为"增加"，单击进入增加记录状态，同时按钮的标题变为"确定"，此时单击该按钮可以确认添加新记录，更新数据库，同时按钮标题恢复为"增加"。增加记录的操作步骤为：

①调用 AddNew 方法添加新记录。

②给新记录的各字段赋值。

③调用 Update 方法，将添加的新记录从缓冲区写入到数据表中。

【说明】如果调用 AddNew 方法添加新记录，但是没有调用 Update 方法进行更新，或者直接关闭了记录集，那么新增的记录将不能添加到数据表中。在数据表中成功写入新记录后，记录指针会自动返回到添加新记录前的位置，调用 MoveLast 方法可使指针移动到新增的记录上。

所以，单击图 10-2 所示的"增加"按钮时，所应编写的代码为：

```
Private Sub Command1_Click( )
    '调整 4 个按钮的可用性
    Command2. Enabled = Not Command2. Enabled
    Command3. Enabled = Not Command3. Enabled
    Command4. Enabled = Not Command4. Enabled
    Command5. Enabled = Not Command5. Enabled
    '根据 command1 的提示文字调用 AddNew 方法或 Update 方法
    '实现添加记录和确认添加记录的操作
```

```
        If Command1. Caption = "增加" Then
            Data1. Recordset. AddNew              '新增记录
            Command1. Caption = "确定"
            Text1. SetFocus
        Else
            Data1. Recordset. Update              '确认新增记录,更新数据表
            Command1. Caption = "增加"
            Data1. Recordset. MoveLast            '记录指针移动到最后一条记录
        End If
    End Sub
```

（2）删除记录

命令按钮 Command2 完成删除记录的功能，要从记录集中删除记录，也分为 3 步：

① 将记录指针移动到要删除的记录，使之成为当前记录。

② 调用 Delete 方法。

③ 移动记录指针。

使用 Delete 方法删除记录后，该记录仍然显示在数据绑定控件中。因此，需要移动记录指针刷新绑定控件。在移动指针后，应检查 EOF 属性的值，如果为真，则将记录指针移动到最后一条记录。

具体单击"删除"按钮时编写的代码为：

```
Private Sub Command2_Click( )
    Dim i As Integer
    i = MsgBox("真的要删除当前记录吗?", 52, "警告")
    If i = 6 Then
        Data1. Recordset. Delete
        Data1. Recordset. MoveNext
        If Data1. Recordset. EOF Then Data1. Recordset. MoveLast
    End If
End Sub
```

（3）修改记录

命令按钮 Command3 完成修改记录的功能，和 Command1 类似，Command3 的初始标题为"修改"，单击之后变成"确定"，两种标题来回切换，根据标题的内容决定单击命令按钮时所完成的操作。通过编程修改记录的操作步骤为：

① 将记录指针移动到要修改的记录，使之成为当前记录。

② 调用 Edit 方法。

③ 修改相应的字段内容。

④ 调用 Update 方法确认所做的修改。

具体单击"修改"按钮时编写的代码为：

```
Private Sub Command3_Click( )
    '调整其他 4 个按钮的可用性
    Command1. Enabled = Not Command1. Enabled
```

```
        Command2. Enabled  =  Not Command2. Enabled
        Command4. Enabled  =  Not Command4. Enabled
        Command5. Enabled  =  Not Command5. Enabled
        '根据 command3 的提示文字调用 Edit 方法或 Update 方法
        '实现记录修改或确认修改操作
        If Command3. Caption  =  "修改" Then
            Command3. Caption  =  "确定"
            Data1. Recordset. Edit
            Text1. SetFocus
        Else
            Command3. Caption  =  "修改"
            Data1. Recordset. Update
        End If
    End Sub
```

"取消"按钮 Command4 用于增加记录或修改记录时提供放弃操作的功能。放弃对数据的修改，可调用数据控件的 UpdateControls 方法。

对于该按钮需要编写的代码为：

```
    Private Sub Command4_Click( )
        Command1. Caption  =  "增加"：    Command3. Caption  =  "修改"
        Command1. Enabled  =  True：     Command2. Enabled  =  True
        Command3. Enabled  =  True：     Command4. Enabled  =  False
        Command5. Enabled  =  True
        Data1. UpdateControls      '将数据从数据库中重新读到数据控件绑定的控件中
        Data1. Recordset. MoveLast
    End Sub
```

（4）查询记录

命令按钮 Command5 完成查询的功能，实现根据用户在 InputBox 中输入的编号，调用 Find 方法查找相匹配的记录，具体代码为：

```
    Private Sub Command5_Click( )
        Dim bh As String
        bh  =  InputBox("请输入编号", "查找", "1001")
        Data1. Recordset. FindFirst "编号 ='" & bh & "'"
        If Data1. Recordset. NoMatch Then MsgBox "没有找到此编号的图书!", , "提示"
    End Sub
```

【功能扩展】

VB 中用来显示和编辑数据的数据绑定控件很多，当显示和编辑的数据量较少时，可以使用单行模式的文本框控件，大段的文字可以使用多行模式的文本框。当显示的数据项较多时，可以使用列表框或组合框控件。如果希望以多行多列的二维表格形式显示数据，可以使用数据网格控件(MSFlexGrid)。

MsFlexGrid 是 ActiveX 控件，单击"工程 | 部件"菜单命令，在"部件"对话框的"控件"选

195

项卡中勾选"Microsoft FlexGrid Control 6.0"，单击"确定"按钮即可将该控件添加到工具箱中，图标为 ▦ 。

将窗体上数据网格控件的 DataSource 属性设置为 Data 控件时，网格控件会被自动填充，且列标题会用 Data 控件记录集里的数据自动地设置。例如，用 MsFlexGrid 显示例 10-1 中的图书信息，只需将 MsFlexGrid 的 DataSource 设置为"Data1"。同时，若将它的 FixedCols 设置为 0(去掉固定的列)，则运行程序后，显示效果如图 10-9 所示。

需要注意的是，MsFlexGrid 控件和 Data 控件绑定时，只能显示数据，并不支持用户对单元格内容进行直接编辑，编辑功能需要通过编程才能实现。

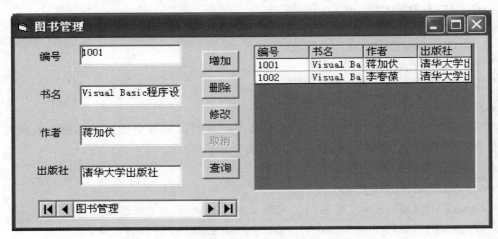

图 10-9　用 MsFlexGrid 显示图书信息

10.5　ADO 数据控件

ADO 是 ActiveX Data Object 的缩写，是当前应用最广泛的数据库访问技术。它采用了 OLE DB 的数据库访问模式，是数据访问对象 DAO、远程数据对象 RDO 和开放数据库互连 ODBC 三种方式的扩展。

VB 中可以通过两种方式使用 ADO 技术：ADO 数据控件和 ADO 对象。

ADO 数据控件是将 ADO 的几个功能集成在一个可视化的控件中。由于它是 ActiveX 控件，所以在使用该控件前，必须先单击"工程 | 部件"菜单命令，在弹出的对话框中选择 "Microsoft ADO Data Control 6.0"选项将它添加到工具箱中，图标为 ▤ 。ADO 数据控件和 Data 数据控件很相似，使用它可以快速地创建与数据库的连接。

1. ADO 数据控件的主要属性

(1) ConnectionString 属性

ConnectionString 属性是一个字符串，该属性包含了与数据库建立连接所需的相关信息。在 ConnectionString 中有三个主要参数，其中 Provider 指定连接的数据库类型和驱动程序；Data Source 指定要连接的数据源的名称；Persist Security Info 指定访问时采用的安全机制。

(2) CommandType 属性

CommandType 属性用于指定 RecordSource 属性的取值类型。默认为 adCmdUnknown，表

示命令类型未知。adCmdText 表示 RecordSource 属性为命令文本，通常使用 SQL 语句；adC-mdTable 表示 RecordSource 属性为单个表名；adCmdStoredProc 表示 RecordSource 属性为一个存储过程名。

（3）RecordSource 属性

RecordSource 属性指定 ADO 数据控件 RecordSet 的数据来源，即具体可访问的数据。

（4）RecordSet 属性

与 Data 控件相同，ADO Data 控件也通过 RecordSet 对象对所访问的数据进行操作。ADO Data 控件记录集与 Data 控件的记录集对象用法大体相同，例如：都使用 Move 方法移动记录指针；都使用 BOF、EOF 属性检测记录指针是否位于首记录之前或末记录之后；使用 AddNew 和 Update 方法添加新记录；使用 Delete 方法删除当前记录；使用相同的方法访问字段值。但 ADO 记录集的 AddNew 方法可以带参数，在添加新记录的同时可以为字段赋值。语法为：

Adodc1. Recordset. AddNew FieldList，Values

其中，FieldList 和 Values 都是变体类型的数组，FieldList 中的每个元素提供一个记录集中的字段名，Values 中的每个元素提供各字段对应的字段值。例如，执行下面的语句可以在例 10-2 中 Adodc1 控件的记录集中添加一条编号为"007"，书名为"大学英语"的新记录。

Dim fn(0 To 1) As Variant

Dim fv(0 To 1) As Variant

fn(0) = "编号"：fn(1) = "书名"：fv(0) = "007"：fv(1) = "大学英语"

Adodc1. Recordset. AddNew fn，fv

Adodc1. Recordset. Update

2. ADO 数据控件的常用方法

（1）Refresh 方法：刷新与 ADO 数据控件连接的记录集数据。在运行状态改变 ADO 数据控件的数据源连接属性后，必须调用 Refresh 方法激活这些变化。

（2）UpDateRecord 方法：将数据绑定控件上的当前内容写入到数据库中。

10.6　DataGrid 控件

DataGrid 控件是 ActiveX 控件，利用它可以实现与整个数据源，而不是与某个字段的绑定。DataGrid 控件以二维表格的形式显示数据源中的多个字段和多条记录的内容。通过勾选"工程 | 部件"菜单命令打开的"部件"对话框中的"Microsoft DataGrid Control 6.0（OLEDB）"选项，可将该控件添加到工具箱，图标为 ▦ 。

在窗体上放置 DataGrid 控件后，将它的 DataSource 属性设置为一个数据源（如 ADO 数据控件），运行时该控件就会显示数据源记录集中的全部内容。其中行对应记录，列对应字段、最左侧的指示列指出当前记录状态。

1. DataGrid 控件的常用属性

（1）DataSource

返回或设置所要绑定的数据源。

（2）AllowAddNew

返回或设置一个值，指出用户能否向与 DataGrid 控件连接的记录集对象中添加新记录。

197

如果其值为 True，则 DataGrid 控件的最后一行被留作空白以允许输入新记录。如果为 False，则无空白行显示，用户无法定位进行输入。

（3）AllowDelete

返回或设置一个值，指出用户能否从与 DataGrid 控件连接的记录集对象中删除记录。

（4）AllowUpdate

返回或设置一个值，指出用户能否修改 DataGrid 控件中的数据。

2. DataGrid 控件的常用方法

Refresh 方法用来刷新网格中的数据显示。

对于该控件的大部分属性，除了可以在属性窗口中依次设置外，还可在 DataGrid 控件的属性窗口中选择"（自定义）"或在右击 DataGrid 控件弹出的菜单中选择"属性"项，打开"属性页"对话框进行控件属性的设置。

10.7 结构化查询语言（SQL）

SQL 是 Structure Query Language 的缩写，是国际标准的关系型数据库语言。SQL 语言是一种声明性语言，所以利用 SQL 操作数据库，只需指出要做什么，而不用考虑怎么做。

SQL 语言包含定义、查询、操作和控制 4 个部分。

（1）数据定义语言：定义数据库、定义数据表、定义视图与索引等。

（2）数据查询语言：利用 SELECT 语句查询数据。

（3）数据操作语言：包括插入（INSERT）、删除（DELETE）、修改（UPDATE）语句。

（4）数据控制语言：包括事务控制语句和安全性控制语句等。

这里只介绍数据查询语言 SELECT。

SELECT 语句是 SQL 语言中最重要和最常用的语句，主要用于查询数据表中满足条件的数据记录。可以是单表查询，也可以是多表查询；能显示表中的全部字段，也可以只显示部分指定的字段；可以对查询结果进行排序，也可以对记录进行分组统计。

常见的 SELECT 语句包含 6 部分，其基本语法格式为：

SELECT［All｜Distinct｜Top n］字段表

FROM 表名

WHERE 查询条件

GROUP BY 分组字段

HAVING 分组条件

ORDER BY 字段［ASC｜DESC］

（1）字段表

字段表指定查询结果要显示的字段清单，各字段之间用逗号隔开。例如查询 book 表中的编号与书名字段，可使用下面的 SQL 语句：

SELECT 编号，书名 FROM book

要选择表中的所有字段，可用星号（*）代替字段表。字段表内还可以使用合计函数 AVG、COUNT、SUM、MAX 和 MIN 对记录进行合计，它返回一组记录的单一值。如果选定的字段要更名，可在该字段后用 AS［新名］实现。

（2）表名

FROM 子句中的表名用于指定所要查询的一个或多个表的名称。如果要查询多个表，各表名之间要用逗号隔开，而且最好在字段名前加上其所属的表名，如 book.编号。

（3）查询条件

WHERE 子句用于指定查询条件。查询条件中可以使用大多数的 VB 内部函数和运算符。此外，还有几种 SQL 特有的形式：

① 字段名 Between 值 1 And 值 2

返回字段值在值 1 与值 2 之间的记录。

② 字段名 in(值 1，值 2，…)

返回字段值为括号中所列值之一的记录。

③ Like 运算符

使用样式字符串选择记录，用于字符串的部分匹配。表 10-6 列出了可用的字符。

表 10-6　Like 匹配方案

字符	匹配模式	举例	匹配实例	不匹配实例
%	任何字符集合	a%a	aa, aBa, accca	ab, baa
_	任意一个字符	a_a	aaa, aca, a3a	abba
[charlist]	字符列中的任何单一字符	[abc]d	ad,bd,cd	dd
[!charlist]	不在字符列中的任何单一字符	[!abc]d	dd, ed	ad, bd, cd

例如查询所有书名中含有 Visual Basic 的书，可使用下面的 SQL 语句：

SELECT ＊ FROM book WHERE 书名 Like '%Visual Basic%'

④ GROUP BY 子句

把选定的记录按 GROUP BY 子句中的分组字段分成特定的组。

例如统计各出版社书的数目可使用下面的 SQL 语句：

SELECT 出版社，Count(＊)As 数目 FROM book GROUP BY 出版社

⑤ HAVING 子句

将记录分组后，可用 HAVING 子句对它们进行筛选，最终显示由 GROUP BY 分组的、满足 HAVING 子句条件的所有记录。

⑥ ORDER BY 子句

使查找结果按 ORDER BY 子句指定的字段排列显示，ASC 代表升序，DESC 代表降序。

除了可以使用 SQL 的基本命令查询数据外，SQL 语句还提供了许多可选的关键词和子句，进一步优化查询。

（1）DISTINCT

DISTINCT 关键词可以去除那些在选定列中含有重复数据的记录。例如，在 Book 表中的书名可能存在相同，用下面的 SQL 语句可以只返回相同记录中的一条。

SELECT DISTINCT 书名 FROM book

（2）TOP

TOP 关键词用于规定要返回的记录的数量。如果这些记录位于 ORDER BY 子句指定的范围的前面或后面，可使用 TOP 关键词。例如，要在 book 表中查询"清华大学出版社"编号

较小的 2 本书，可用下面的 SQL 查询语句。

SELECT TOP 2 编号，书名 FROM book WHERE 出版社 = ' 清华大学出版社 ' ORDER BY 编号

【例 10-2】 利用 ADO 数据控件和 DataGrid 控件显示图书信息，运行效果如图 10-10 所示。要求能进行数据的添加、删除、修改和查询操作。

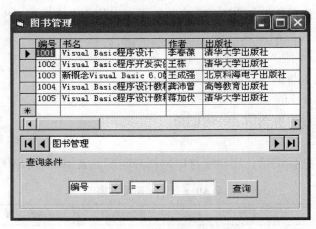

图 10-10　图书管理程序界面

该程序同样使用 E:\LX\data.mdb 数据库，设计与实现大体分以下几步：

1. 界面设计

在窗体上添加 1 个 ADO 数据控件、1 个 DataGrid 控件和 1 个框架控件。在框架中添加 1 个命令按钮、1 个文本框控件和 2 个 ComboBox 控件，如图 10-11 所示完成窗体布局。

放置到窗体上的 ADO 数据控件外形与 Data 控件类似，名称为 Adodc1。为了使 Adodc1 能正确地连接到数据库，需要设置其 ConnectionString 属性和 RecordSource 属性。具体步骤为：

（1）单击 Adodc1 的 ConnectionString 属性值设置框中的按钮，弹出如图 10-12 所示的"属性页"对话框。

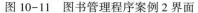

图 10-11　图书管理程序案例 2 界面

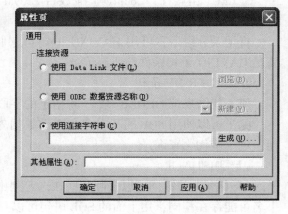

图 10-12　"属性页"对话框

（2）选择其中的"使用连接字符串"单选按钮，可以直接在文本框中输入连接字符串，或者单击"生成"按钮，通过"数据链接属性"对话框可视化地创建数据库连接。

（3）"数据链接属性"对话框如图 10-13 所示，它共有 4 个选项卡。"提供程序"选项卡

的列表中列出了多个可选的提供者程序，每个提供者程序可以连接一类数据库。由于 da-ta. mdb 是 Access 97 数据库，故选择"Microsoft Jet 3. 51 OLE DB Provider"项。然后单击"下一步"或者选择"连接"选项卡，如图 10-14 所示。

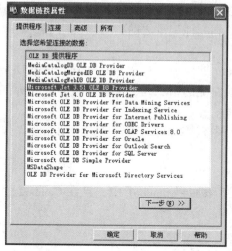
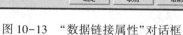
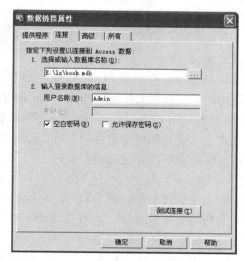

图 10-13 "数据链接属性"对话框   图 10-14 "数据链接属性"-"连接"选项卡

（4）在"连接"选项卡最上面的对话框中输入（或选择）要连接的 Access 数据库文件，这里为"E:\LX\data. mdb"，然后单击"测试连接"按钮。如果能成功地实现数据库连接，会弹出"测试连接成功"对话框。测试成功后单击"连接"选项卡下方的"确定"按钮关闭"数据链接属性"对话框。

（5）单击 Adodc1 属性窗口中 RecordSource 属性值设置框中的按钮，弹出记录源属性页，在命令类型中选择"2-adCmdTable"选项，在"表或存储过程名称"下拉列表中选择"book"表，设置完毕后单击"确定"按钮。这样，就完成了 ADO 数据控件的数据连接工作。

窗体上其他的控件属性设置如表 10-7 所示。

表 10-7 控件的属性设置

控件名称	属性	属性值
Adodc1	Caption	图书管理
DataGrid1	DataSource	Adodc1
	AllowAddNew	True
	AllowDelete	True
Frame1	Caption	查询条件
Combo1	Style	2
Combo2	Style	2
Command1	Caption	查询

将控件的属性设置完毕后运行程序，在 DataGrid1 中显示出 book 表的所有记录，最左边指示列上的▶指示的是当前记录。分别单击数据控件 Adodc1 的 4 个箭头按钮，可实现全部记录的遍历，DataGrid1 中的当前记录也随之不断更新。

默认情况下，DataGrid 控件中各单元格的内容是可以直接编辑的，修改一条记录的信息后，将光标移动到其他行中，所做的修改会自动保存到数据源所连接的数据库中(相当于调用了 Update 方法)。在将光标移动到其他记录(行)之前按 Esc 键(修改多个字段后需要按两次 Esc)，可撤销所做的修改(相当于调用了 CancelUpdate 方法)。

如果 DataGrid 的 AllowAddNew 属性值为 True(默认为 False)，则用户可以在 DataGrid 的最后一个空行输入内容添加新记录。在将光标移动到其他记录之前，可以使用 Esc 键撤销新添加的记录。

如果 DataGrid 控件的 AllowDelete 属性值为 True(默认为 False)，用户可以使用 Delete 键删除当前记录，前提是用鼠标单击 DataGrid 控件最左侧的指示列，使要删除的记录所在的行被选定(突出显示)。记录一旦删除，不可撤销。

因此，设置好相应的属性后，在 DataGrid 控件中直接就可以进行数据的增删改操作。但是，对数据的查询需要进行编程实现。

2. 编写代码

首先，在加载窗体时将 book 表的全部字段信息添加到 Combo1 中，且在 Combo2 中添加比较时用到的关系运算符，这里只添加了"="和"like"运算符。

```
Private Sub Form_Load( )
    Combo1. AddItem "编号" :   Combo1. AddItem "书名"
    Combo1. AddItem "作者" :   Combo1. AddItem "出版社"
    Combo1. ListIndex = 0 :   Combo2. AddItem " ="
    Combo2. AddItem "like" :   Combo2. ListIndex = 0
    Text1. text = " "
End Sub
```

在用户选择了查询字段和比较运算符后，在文本框中输入匹配的条件，单击"查询"按钮，即可查找满足条件的记录，并在 DataGrid 中进行显示。

```
Private Sub Command1_Click( )
    Dim str As String
    If Text1. Text = " " Then
        MsgBox "请输入查询条件!", 48, "提示" :    Exit Sub
    End If
    If Combo2. Text = " =" Then
        str = "select * from book where " & Combo1. Text & " ='" & Text1. Text & "'"
    Else
        str = "select * from book where " & Combo1. Text & " like '%" & Text1. Text & "%'"
    End If
    Adodc1. CommandType = adCmdText
    Adodc1. RecordSource = str
    Adodc1. Refresh
End Sub
```

【功能扩展】

VB 将 ADO 技术以两种方式提供给用户，除了前面提到的 ADO 数据控件外，还可以使用 ADO 对象访问数据库。与 ADO 数据控件类似，ADO 对象用 Connection 对象指定数据库的类型与数据库，用 Command 对象与 Recordset 对象指定数据表与记录集，从而实现对数据库中数据表记录的处理。所不同的是，ADO 数据控件可以通过属性的设置可视化地完成数据库的连接；而 ADO 对象功能更加强大，但需要通过编程完成所有的功能。

（1）引用 ADO 对象

在 VB 中必须先添加对 ADO 对象的引用，才能使用 ADO 对象实现对数据库的操作。单击"工程 | 引用"菜单，在打开的对话框中勾选"Microsoft ActiveX Data Objects 2.8 Library"即可。

如果工程中加载了 ADO Data 控件，系统会自动加载 ADO 对象库。

（2）Connection 对象

Connection 对象用于建立与数据库的连接，它包含了连接数据源所需的各种信息。使用 Connection 对象的 Open 方法可建立与数据库的物理连接。Open 方法的语法是：

Open connectionString, UserID, Password

其中 connectionString 参数指定连接字符串，UserID 和 Password 参数用于指定用户名和密码。

创建并打开 Connection 对象的一般过程为：

定义 Connection 类型的变量→创建新的 Connection 对象赋值给该变量→指定连接字符串→使用 Open 方法打开连接。下面的语句实现了上述过程。

```
Dim cnn As New ADODB. Connection
cnn. ConnectionString = "Provider=Microsoft. Jet. OLEDB. 3. 51;" & _
"Data Source=E:\LX\book. mdb; Persist Security Info=False"
cnn. Open
```

（3）Recordset 对象

创建并打开 Connection 对象之后，可以打开 Recordset（记录集）对象，从连接的数据库中返回数据。使用同一个 Connection 对象可以打开多个 Recordset 对象。

使用 Recordset 对象的 Open 方法打开记录集的语法为：

Open Source, ActiveConnection, CursorType, LockType, Option

其中，Source 参数为变体类型，可以是一个表名，一条 SQL 语句或一个数据库存储过程名等；ActiveConnection 参数指定该记录集是基于哪个已经建立的数据库连接（Connection 对象）的；CursorType 参数指定记录集使用的游标类型，LockType 参数指定记录集是否锁定，Option 参数指定 Source 参数的类型。

下面的示例实现了用 ADO 对象把 book 表中所有的书名添加到 combo1 中的功能。

```
Dim cnn As New ADODB. Connection
Dim rst As New ADODB. Recordset
cnn. ConnectionString = "Provider=Microsoft. Jet. OLEDB. 3. 51;" & _
"Data Source=E:\LX\book. mdb; Persist Security Info=False"
cnn. Open
rst. Open "select * from book", cnn
While Not rst. EOF
    Combo1. AddItem rst. Fields("书名")
    rst. MoveNext
```

Wend

Combo1. ListIndex = 0

rst. Close

cnn. Close

小结

数据库技术是计算机应用技术的重要分支之一,本章通过两种不同表现形式的图书管理程序,介绍了数据库的基本概念、结构化查询语言以及如何利用可视化数据管理器建立数据库和数据表。此外,还着重介绍了数据库应用程序中利用 Data 数据控件、ADO 数据控件和 ADO 对象以及各种数据绑定控件访问和操作数据库的基本方法。

习题

10-1 选择题

(1) 下面说法中错误的是_____。

A. 一个表可以构成一个数据库

B. 多个表可以构成一个数据库

C. 同一个字段的数据具有相同的类型

D. 表中每条记录各个字段的数据具有相同的类型

(2) 标准 SQL 语言本身不提供的功能是_____。

A. 数据表创建　　　　B. 查询　　　　　　C. 修改、删除　　　　D. 绑定到数据库

(3) 下面描述中正确的是_____。

A. 使用 Data 控件可以直接显示数据库中的数据

B. 使用 Data 控件可以对数据库中的数据进行操作,却不能显示数据库中的数据

C. Data 控件只有通过数据绑定控件才可以访问数据库中的数据

D. 使用数据绑定控件可以直接访问数据库中的数据

(4) 下面_____属性可以设置数据绑定控件的数据源属性。

A. DataField　　　　　B. DataSource　　　　　C. DataBase　　　　　D. RecordSource

(5) 下列所显示的字符串中,字符串_____肯定不会包含在 ADO 数据控件的 ConnectionString 属性中。

A. Provider = Microsoft. Jet. OLEDB. 3. 51

B. Data Source = C:\Mydb. mdb

C. Persist Security Info = False

D. 2−adCmdTable

(6) 当 EOF 属性为 True 时,表示_____。

A. 记录指针位于 Recordset 对象的第一条记录

B. 记录指针位于 Recordset 对象的第一条记录之前

C. 记录指针位于 Recordset 对象的最后一条记录

D. 记录指针位于 Recordset 对象的最后一条记录之后

10-2　填空题

（1）Microsoft Access 数据库文件的扩展名是_____。

（2）_____属性可以设置 ADO 数据控件具体访问的数据，这些数据构成记录集对象。

（3）要设置 Data 控件所连接的数据库的名称和位置，需设置其_____属性。

（4）记录集的_____属性返回当前指针值。

10-3　简答题

（1）试对关系型数据库中的数据库、数据表、记录和字段给以说明。

（2）比较 Data 控件和 ADO 数据控件。

（3）怎样用 ADO 数据控件连接数据库。

（4）用 Find 方法查找记录，如何判定查找是否成功？如果找不到该记录，当前记录指针在何处？

10-4　以 ADO 数据控件为数据源，制作一个教室信息管理系统，要求：

（1）可存储教室号、容量、是否多媒体、使用状态等信息。

（2）利用 DataGrid 显示所有的教室信息。

（3）能添加、删除、修改教室信息。

（4）利用 SQL 语句实现按教室号、容量、是否多媒体、使用状态对教室进行查询。

第11章 学生成绩管理系统

本章旨在通过学生成绩管理系统，介绍 VB 开发综合性数据库应用程序的基本方法，提高学生的综合应用和实际编程能力。

11.1 功能介绍

该系统提供了学生信息、课程信息以及成绩信息的编辑、查询和统计分析功能。程序运行时，首先弹出"登录"窗口，如图 11-1 所示。输入正确的用户名和密码后，才允许使用该系统；输入错误时会弹出提示信息，并要求用户重新输入。密码输入错误超过 3 次后，程序自动结束。

进入系统后，会显示如图 11-2 所示的主窗口。其中，"文件"菜单提供了注销和退出程序功能。"数据管理"菜单提供了数据的编辑和查询功能。单击数据管理菜单的"编辑"子菜单，会打开如图 11-3 所示的窗口。通过该窗口，可以实现对学生表、课程表和成绩表信息的增加、删除和修改功能。

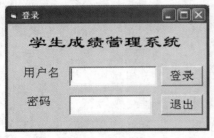

图 11-1　登录窗口

图 11-2　主窗口

在图 11-3 所示的窗口中选中学生表时，单击"增加"按钮，会弹出如图 11-4 所示的窗口，输入各项信息后单击"确定"按钮即可实现学生记录的增加；单击数据编辑窗口中的"修改"按钮时，同样会弹出图 11-4 所示的窗口，并同时显示出当前学生的各项信息供用户修改，其中学号不可以修改。

图 11-3　数据编辑窗口　　　　　　图 11-4　增加学生记录

206

如果在数据编辑窗口中选择的是课程表，单击"增加"按钮和"修改"按钮时，可以对课程记录进行增加和编辑。图 11-5 为单击"编辑"按钮后弹出的窗口，其中课程号不可以修改。

如果在数据编辑窗口中选择的是成绩表，窗口中的"增加"和"编辑"按钮变成了"选课"和"成绩管理"按钮，如图 11-6 所示。

图 11-5　修改课程记录

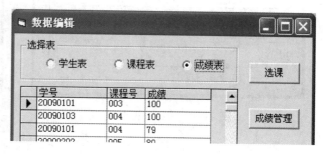

图 11-6　成绩数据编辑

单击"选课"按钮，会弹出如图 11-7 所示的选课窗口。选择学号和课程后，单击"确定"按钮即可在成绩表中增加一条成绩为空的选课记录。

单击图 11-6 中所示的"成绩管理"按钮，可打开图 11-8 所示的窗口，实现成绩的录入。录入前，可以先进行课程的选择，单击"确定"按钮后，右侧会显示出选修该课程的所有学生。依次选择各条记录，在左下方的文本框中输入相应的成绩后按回车键，即可实现成绩的录入。

图 11-7　选课窗口

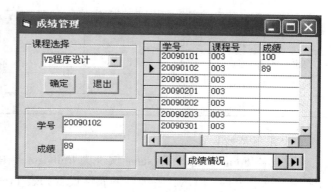

图 11-8　成绩录入窗口

单击主窗口中"数据管理"菜单下的"查询"子菜单，可以打开图 11-9 所示的窗口。通过该窗口，可以实现按学号对学生成绩进行查询，在下方会汇总出该学生全部课程的平均成绩以及所修的学分。

单击主窗口中的"统计"子菜单，可以打开如图 11-10 所示的"统计分析"窗口。选择相应的课程后，单击"统计"按钮，窗体下方会汇总出该课程各等级段的学生人数，并以饼图的形式进行显示。同时该课程的最高分、最低分和平均分也会出现在窗口底部。

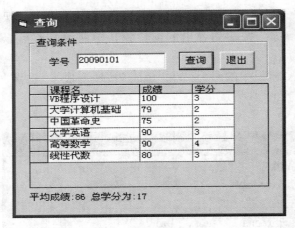

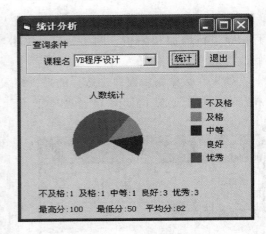

图 11-9　成绩查询窗口　　　　　　　　图 11-10　统计分析窗口

11.2　操作步骤

1. 数据库设计

本系统采用 Access 数据库，名称为"student. mdb"，存放在"E：\LX"中。该数据库中包含 3 个表："学生表"、"课程表"和"成绩表"，表结构如表 11-1 所示，数据库与数据表的创建步骤可参考本书例 10-1。

表 11-1　数据库表结构

"学生表"的结构			"课程表"的结构			"成绩表"的结构		
字段名	类型	大小	字段名	类型	大小	字段名	类型	大小
学号	Text	10	课程号	Text	3	学号	Text	10
姓名	Text	20	课程名	Text	30	课程号	Text	3
性别	Text	2	学分	Integer	2	成绩	Integer	2
专业	Text	30						

2. 登录窗体的设计

新建窗体 Form1，修改其 Name 属性为 frmLogin。在窗体上添加 3 个标签，2 个文本框和 2 个按钮，如图 11-1 所示，各控件的属性设置如表 11-2 所示。

登录窗体的部分代码为：

```
Private Sub cmdExit_Click( )'"退出"按钮
    Dim s As String
    s = MsgBox("确定要退出系统吗", vbYesNo + vbQuestion，"退出")
    If s = vbYes Then
        End
    End If
End Sub
```

```
Private Sub cmdOk_Click( )' "登录"按钮
    Static i As Integer' 定义 i 为静态存储变量
    If Trim(txtName. Text) = "Admin" And Trim(txtPsw. Text) = "123" Then
        Unload frmLogin:        frmMain. Show
    Else
        i = i + 1
        If i = 3 Then End
        MsgBox "请输入正确的用户名和密码", vbOKOnly + vbCritical, "登录"
        txtName. Text = "":        txtPsw. Text = "":        txtName. SetFocus
    End If
End Sub
```

<table>
<tr><th colspan="3">表 11-2   "登录"窗体的属性设置</th></tr>
<tr><th>控件名称</th><th>属性</th><th>属性值</th></tr>
<tr><td>frmLogin</td><td>Caption</td><td>登录</td></tr>
<tr><td rowspan="2">Text1</td><td>名称</td><td>txtName</td></tr>
<tr><td>Text</td><td>空</td></tr>
<tr><td rowspan="3">Text2</td><td>名称</td><td>TxtPsw</td></tr>
<tr><td>Text</td><td>空</td></tr>
<tr><td>PasswordChar</td><td>*</td></tr>
<tr><td rowspan="3">Command1</td><td>名称</td><td>cmdOk</td></tr>
<tr><td>Caption</td><td>登录</td></tr>
<tr><td>Default</td><td>True</td></tr>
<tr><td rowspan="2">Command2</td><td>名称</td><td>cmdExit</td></tr>
<tr><td>Caption</td><td>退出</td></tr>
</table>

<table>
<tr><th colspan="3">表 11-3   主窗体中菜单属性设置</th></tr>
<tr><th>菜单</th><th>标题</th><th>名称</th></tr>
<tr><td>主菜单</td><td>文件(&F)</td><td>menuFile</td></tr>
<tr><td rowspan="3">子菜单</td><td>注销</td><td>menuChangeUser</td></tr>
<tr><td>—</td><td>menuLine1</td></tr>
<tr><td>退出</td><td>menuEnd</td></tr>
<tr><td>主菜单</td><td>数据管理(&M)</td><td>menuDM</td></tr>
<tr><td rowspan="3">子菜单</td><td>编辑</td><td>menuEdit</td></tr>
<tr><td>—</td><td>menuLine2</td></tr>
<tr><td>查询</td><td>menuQuery</td></tr>
<tr><td>主菜单</td><td>统计(&S)</td><td>menuSta</td></tr>
</table>

3. 主窗体的设计

（1）添加窗体。使用"工程 | 添加窗体"菜单命令，在打开的"添加窗体"对话框的"新建"选项卡中选择"窗体"即可向当前工程添加一个新的窗体，窗体名称改为 frmMain，标题设为学生成绩管理系统，如图 11-2 所示。

（2）添加菜单。菜单的属性设置见表 11-3。

（3）在主窗体中添加 1 个图像框，通过它显示适当的图片，作为窗体的背景。

（4）代码设计。

```
Private Sub menuChangeUser_Click( )' "注销"子菜单
    frmLogin. Show :    frmMain. Hide
End Sub


Private Sub menuExit_Click( )' "退出"子菜单
    End
End Sub
```

```
Private Sub menuEdit_Click( )'"编辑"子菜单
    frmEdit. Show 1
End Sub


Private SubmenuQuery_Click( )'"查询"子菜单
    frmQuery. Show 1
End Sub


Private Sub menuSta_Click( )'"统计"子菜单
    frmSta. Show 1
End Sub
```

4. 数据编辑窗体的设计

（1）添加窗体，将窗体名称修改为 frmEdit，如图 11-3 所示。

（2）在窗体上放置 1 个 Frame，1 个单选按钮控件数组，包括 3 个元素，1 个 DataGrid，1 个 ADO 数据控件和 4 个按钮，其属性设置如表 11-4 所示。

表 11-4 "数据编辑"窗体控件属性设置

控件名称	属性	属性值
frmEdit	Caption	数据编辑
Frame1	Caption	选择表
单选按钮控件数组	名称	optTable
	Caption	学生表、课程表、成绩表
	Index	0、1、2
Adodc1	ConnectionString	Provider＝Microsoft. Jet. OLEDB. 3. 51；Persist Security Info＝False；Data Source＝E：\LX\student. mdb
	CommandType	2-adCmdTable
	RecordSource	学生表
DataGrid1	AllowAddNew	False
	AllowDelete	False
	AllowUpdate	False
	DataSource	Adodc1
Command1	名称	cmdAdd
	Caption	增加
Command2	名称	cmdModify
	Caption	修改
Command3	名称	cmdDel
	Caption	删除
Command4	名称	cmdQuit
	Caption	退出

（3）代码设计

　　frmEdit 窗体通过 Adodc1 控件连接到 student. mdb 数据库，并在 DataGrid1 中显示相应的数据表信息。只要单击窗体中的命令按钮即可进行记录的增删改操作。其中学生表记录的增加和修改是通过 frmStu 窗体实现的；课程表记录的增加和修改是通过 frmCourse 窗体实现的。对于成绩表，增加记录由选课窗体 frmSelect 实现，修改记录通过成绩录入窗体 frmScore 实现。frmEdit 窗体的代码如下：

```
Dim tb As String' 表示数据表的名称

Private Sub Form_Load()' 启动窗体时,默认选中"学生表"
    tb = "学生表"
End Sub


Private Sub optTable_Click(Index As Integer) ' 通过单击单选按钮切换数据表
    Select Case Index
      Case 0
          tb = "学生表"
      Case 1
          tb = "课程表"
      Case 2
          tb = "成绩表"
    End Select
    Adodc1. RecordSource = tb   :   Adodc1. Refresh
    If Index = 2 Then
      cmdAdd. Caption = "选课":         cmdModify. Caption = "成绩管理"
    Else
      cmdAdd. Caption = "增加":         cmdModify. Caption = "修改"
    End If
End Sub


Private Sub cmdAdd_Click()          ' 增加记录
    If tb = "学生表" Then
      frmStu. Caption = "增加记录":        frmStu. Show 1
    ElseIf tb = "课程表" Then
      frmCourse. Caption = "增加记录":       frmCourse. Show 1
    Else
      frmSelect. Show 1
    End If
End Sub


Private Sub cmdDel_Click()          ' 删除记录
```

```vb
Dim i As Integer
i = MsgBox("确定要删除当前的记录吗?", vbQuestion + vbOKCancel, "提示")
If i = vbOK Then
    Adodc1. Recordset. Delete：    Adodc1. Recordset. Update
End If
End Sub


Private Sub cmdModify_Click()' 修改记录,将数据写到数据表中
    If tb = "学生表" Then
        With frmStu
            . Caption = "修改记录"
            . txtNum = Adodc1. Recordset. Fields("学号")
            . txtNum. Locked = True
            . txtName = Adodc1. Recordset. Fields("姓名")
            . cmbSex. Text = Adodc1. Recordset. Fields("性别")
            . cmbDep. Text = Adodc1. Recordset. Fields("专业")
            . Show 1
        End With
    ElseIf tb = "课程表" Then
        With frmCourse
            . Caption = "修改记录"
            . txtCnum = Adodc1. Recordset. Fields("课程号")
            . txtCnum. Locked = True
            . txtCname = Adodc1. Recordset. Fields("课程名")
            . cmbCredit. Text = Adodc1. Recordset. Fields("学分")
            . Show 1
        End With
    Else
        frmScore. Show 1
    End If
End Sub


Private Sub cmdQuit_Click()' 退出程序
    Unload Me
End Sub
```

5. 学生信息编辑窗体的设计

（1）添加窗体，窗体名称修改为 frmStu。该窗体包括 4 个标签，2 个文本框，2 个组合框和 2 个按钮，如图 11-4 所示。

（2）控件属性设置如表 11-5 所示。

表 11-5 "学生信息编辑"窗体控件属性设置

控件名称	属性	属性值
Text1	名称	txtNum
	Text	空
Text2	名称	txtName
	Text	空
Combo1	名称	cmbSex
	Style	2-Dropdown
	List	男、女
Combo2	名称	cmbDep
	Style	2-Dropdown
	List	计算机软件、化学工程、石油工程、工业设计
Command1	名称	cmdOk
	Caption	确定
Command2	名称	cmdCancel
	Caption	取消

（3）代码设计

在窗体 frmStu 中增加记录时，单击"确认"按钮后系统会对信息是否完整、学号是否为数字以及是否存在相同学号的记录进行检测，只有满足要求的记录才能正确添加到学生表中，否则给出相应的出错提示信息。如果是修改记录，则存放学号的 txtNum 控件会处于锁定状态，用户只能修改其余的三项信息。

注意：在下面的程序中用到了 ADO 对象，需要先在工程中引用该对象，引用方法参考本书例 10-2 的功能扩展部分。

窗体程序代码如下：

```
Private Sub cmdCancel_Click()
    Unload Me
End Sub


Private Sub cmdOk_Click()
    Dim cnn As New ADODB. Connection
    Dim rst As New ADODB. Recordset
    If txtNum. Text = "" Or txtName. Text = "" Or cmbSex. Text = "" Or _
    cmbDep. Text = "" Then
        MsgBox "请输入完整的学生信息!"
        Exit Sub
    End If
    If Not IsNumeric(txtNum) Then
        MsgBox "学号必须为数字,请重新输入"
        txtNum. Text = ""
```

213

```
        txtNum. SetFocus
        Exit Sub
    End If
    If frmStu. Caption = "增加记录" Then
        cnn. ConnectionString = "Provider=Microsoft. Jet. OLEDB. 3. 51;" & _
        "Data Source=E:\LX\student. mdb;Persist Security Info=False"
        cnn. Open
        rst. Open "select * from 学生表 where 学号='" & Trim(txtNum. Text) & "'", cnn
        If Not rst. EOF Then
            MsgBox "学生表中已存在该学号,请重新输入!"
            txtNum. Text = ""
            txtNum. SetFocus
            Exit Sub
        Else
            frmEdit. Adodc1. Recordset. AddNew
        End If
    End If
    With frmEdit. Adodc1. Recordset
        . Fields("学号") = txtNum. Text
        . Fields("姓名") = txtName. Text
        . Fields("性别") = cmbSex. Text
        . Fields("专业") = cmbDep. Text
        . Update
    End With
    Unload Me
End Sub
```

6. 课程信息编辑窗体的设计

（1）添加窗体，窗体名称修改为 frmCourse。该窗体包括 3 个标签，2 个文本框，1 个组合框和 2 个按钮，如图 11-5 所示。

（2）控件属性设置如表 11-6 所示。

表 11-6 "课程信息编辑"窗体控件属性设置

控件名称	属性	属性值
Text1	名称	txtCnum
	Text	空
Text2	名称	txtCname
	Text	空
Combo1	名称	cmbCredit
	Style	2-Dropdown
	List	1、2、3、4、5、6、7、8

214

控件名称	属性	属性值
Command1	名称	cmdOk
	Caption	确定
Command2	名称	cmdCancel
	Caption	取消

（3）代码设计

和 frmStu 窗体的程序代码基本类似，可参考前面的代码自行设计。

7. 选课窗体设计

（1）添加窗体，窗体名称修改为 frmSelect，该窗体包括 2 个标签，1 个组合框，1 个列表框和 2 个按钮，如图 11-7 所示。

（2）控件属性设置如表 11-7 所示。

表 11-7　"选课"窗体控件属性设置

控件名称	属性	属性值
frmSelect	Caption	选课管理
Combo1	名称	cmbNum
	Style	2-Dropdown
List1	名称	lstCname
Command1	名称	cmdOk
	Caption	确定
Command2	名称	cmdQuit
	Caption	退出

（3）代码设计。

选课中用到的学号和课程名分别来自学生表和课程表，而且均为只能选择，不能修改。单击"确定"按钮时，程序会对成绩表进行筛选，如果发现表中存在学号和课程号相同的记录，则表明该学生已经选修过该课程，不予录入；否则，在成绩表中录入一条成绩为空的记录。窗体的程序代码如下：

```
Dim course(20) As String' 表示课程名
' 启动窗体时,连接数据库,将学号和课程名分别加到两个列表框中
Private Sub Form_Load( )
    Dim i As Integer
    Dim cnn As New ADODB. Connection
    Dim rst As New ADODB. Recordset
    cnn. ConnectionString = "Provider=Microsoft. Jet. OLEDB. 3. 51;" & _
    "Data Source=E:\LX\student. mdb;Persist Security Info=False"
    cnn. Open
    rst. Open "select 学号 from 学生表", cnn
    While Not rst. EOF
```

```
        cmbNum. AddItem rst. Fields("学号")
      rst. MoveNext
    Wend
    cmbNum. ListIndex = 0
    rst. Close
    rst. Open "select * from 课程表", cnn
    i = 0
    While Not rst. EOF
      course(i) = rst. Fields("课程号")
      lstCname. AddItem rst. Fields("课程名")
      i = i + 1
      rst. MoveNext
    Wend
    rst. Close
    cnn. Close
    lstCname. ListIndex = 0
End Sub


Private Sub cmdQuit_Click()' "退出"按钮
    Unload Me
End Sub


Private Sub cmdOk_Click()' "确定"按钮
    Dim cnn As New ADODB. Connection
    Dim rst As New ADODB. Recordset
    cnn. ConnectionString = "Provider=Microsoft. Jet. OLEDB. 3. 51;" & _
    "Data Source=E:\LX\student. mdb;Persist Security Info=False"
    cnn. Open
    rst. Open "select * from 成绩表 where 学号='" & cmbNum. Text & _
    "' and 课程号='" & course(lstCname. ListIndex) & "'", cnn
    If rst. EOF Then
      With frmEdit. Adodc1. Recordset
        . AddNew
        . Fields("学号") = cmbNum. Text
        . Fields("课程号") = course(lstCname. ListIndex)
        . Update
      End With
    Else
      MsgBox "该同学已选修过这门课,请继续选择其他课程!"
    End If
```

End Sub

8. 成绩管理窗体的设计

（1）添加窗体，窗体名称修改为 frmScore。该窗体包括 2 个框架，2 个标签，2 个文本框，1 个组合框，1 个 DataGrid 控件，1 个 ADO 数据控件和 2 个按钮，如图 11-8 所示。

（2）控件属性设置如表 11-8 所示。

表 11-8 "成绩管理"窗体控件属性设置

控件名称	属性	属性值
frmScore	Caption	成绩管理
frame1	Caption	课程选择
frame2	Caption	空
Adodc1	ConnectionString	Provider = Microsoft. Jet. OLEDB. 3. 51; Persist Security Info = False; Data Source = E:\LX\student. mdb
	CommandType	2-adCmdTable
	RecordSource	成绩表
DataGrid1	AllowAddNew	False
	AllowDelete	False
	AllowUpdate	False
	DataSource	Adodc1
Command1	名称	cmdOk
	Caption	确定
Command2	名称	cmdQuit
	Caption	退出
Text1	名称	txtNum
	Locked	True
	DataSource	Adodc1
	DataField	学号
Text2	名称	txtScore
	DataSource	Adodc1
	DataField	成绩
Combo1	名称	cmbCname

（3）代码设计。

成绩管理窗体的主要功能是录入、修改各门课程的学生成绩。当选择某一课程时，DataGrid 中只能显示选修该课程的全部学生记录。利用 ADO 数据控件选择记录，在左侧的成绩文本框中输入成绩并按回车键即可依次录入各学生的成绩。窗体的程序代码如下：

```
Dim course(20) As String
'刷新数据编辑窗体中的成绩信息
Private Sub Form_Load()
    Adodc1. RecordSource = "课程表"
```

```
        Adodc1. Refresh
    i = 0
    While Not Adodc1. Recordset. EOF
        course(i) = Adodc1. Recordset. Fields("课程号")
        i = i + 1
        cmbCname. AddItem Adodc1. Recordset. Fields("课程名")
        Adodc1. Recordset. MoveNext
    Wend
    cmbCname. ListIndex = 0
    Adodc1. RecordSource = "成绩表"
    Adodc1. Refresh
End Sub


Private Sub cmdOk_Click( )
    Dim str As String
    Adodc1. CommandType = adCmdText
    str = "select * from 成绩表 where 课程号='" & course(cmbCname. ListIndex) & "'"
    Adodc1. RecordSource = str
    Adodc1. Refresh
End Sub


Private Sub cmdQuit_Click( )
    Unload Me
End Sub


Private Sub Form_Unload(Cancel As Integer)
    With frmEdit. Adodc1
        . RecordSource = "成绩表"   :      . Refresh
    End With
End Sub


Private Sub txtScore_KeyPress(KeyAscii As Integer)
    If KeyAscii = 13 Then
        If IsNumeric(txtScore. Text) Then
            Adodc1. Recordset. Update   :    Adodc1. Recordset. MoveNext
            If Adodc1. Recordset. EOF Then Adodc1. Recordset. MoveLast
        Else
            MsgBox "成绩不能为" & txtScore, , "提示"
            txtScore. Text = ""  :   txtScore. SetFocus
        End If
```

```
        End If
End Sub
```

9. 成绩查询窗体的设计

（1）添加窗体，窗体名称修改为 frmQuery。该窗体包括 1 个标签，1 个框架，1 个文本框，1 个 DataGrid 控件，1 个 ADO 数据控件和 2 个按钮，如图 11-9 所示。

（2）控件属性设置见表 11-9。

表 11-9 "成绩查询"窗体控件属性设置

控件名称	属性	属性值
frmQuery	Caption	查询
frame1	Caption	查询条件
Adodc1	ConnectionString	Provider＝Microsoft. Jet. OLEDB. 4. 0；DataSource＝E：\LX\student. mdb；Persist Security Info＝False
	CommandType	2-adCmdTable
	RecordSource	成绩表
	Visible	False
DataGrid1	AllowAddNew	False
	AllowDelete	False
	AllowUpdate	False
	DataSource	Adodc1
Command1	名称	cmdQuery
	Caption	查询
Command2	名称	cmdQuit
	Caption	退出
Text1	名称	txtNum

（3）代码设计。

```
Private Sub cmdQuit_Click( )
    Unload Me
End Sub


Private Sub cmdQuery_Click( )
    Dim str As String
    Dim sum As Integer, xf As Integer
    Adodc1. CommandType = adCmdUnknown
    str = "select 课程表. 课程名,成绩表. 成绩,课程表. 学分 from 课程表,成绩表" & _
        " where 成绩表. 学号='" & txtNum. Text & "' and 课程表. 课程号=成绩表. 课程号" & _
        " and Len(成绩表. 成绩)>0"
    Adodc1. RecordSource = str
    Adodc1. Refresh
    If Adodc1. Recordset. RecordCount = 0 Then
```

219

```
        lblResult. Caption = " " : Exit Sub
    End If
    While Not Adodc1. Recordset. EOF
        sum = sum + Adodc1. Recordset. Fields("成绩")
        xf = xf + Adodc1. Recordset. Fields("学分")
        Adodc1. Recordset. MoveNext
    Wend
    sum = sum / Adodc1. Recordset. RecordCount
    lblResult. Caption = "平均成绩:" & sum & " 总学分为:" & xf
End Sub
```

10. 统计分析窗体设计

统计分析窗体中用到了 MSChart 控件，这里仅对它进行简要介绍。

MSChart 控件是一个功能强大的 ActiveX 控件，具有丰富的图表绘制功能，可显示二维和三维的条形图、折线图、面积图、饼图、阶梯图、XY 散点图和组合图等。在使用前，需要先单击"工程 | 部件"菜单命令，在弹出的对话框中选择"Microsoft Chart Control 6.0"将其添加到工具箱中，其图标为 ᵇ。

MSChart 控件的主要属性和用法：

ChartType：用于返回或设置所要显示图表的图表类型，其属性值及含义见表 11-10。

表 11-10 ChartType 属性的取值范围及含义

属性值	常数	含义
0	VtChChartType3dBar	三维条形图
1（缺省值）	VtChChartType2dBar	二维条形图
2	VtChChartType3dLine	三维折线图
3	VtChChartType2dLine	二维折线图
4	VtChChartType3dArea	三维面积图
5	VtChChartType2dArea	二维面积图
6	VtChChartType3dStep	三维阶梯图
7	VtChChartType2dStep	二维阶梯图
8	VtChChartType3dCombination	三维组合图
9	VtChChartType2dCombination	二维组合图
14	VtChChartType2dPie	二维饼图
16	VtChChartType2dXY	二维 XY 散点图

ChartData：返回或设置一个数组，MsChart 控件会根据数组给定的数据进行绘图。

① 绘制单系列图表

绘制单系列图表的方法是创建一维的数值型数组，然后将 ChartData 属性的值设定为该数组，如下所示：

```
Dim arrScores(1 To 10) As Integer
For i = 1 To 10
```

```
    arrScores(i) = Int(Rnd * 101)
Next i
MSChart1.ChartData = arrScores    '将数组的值赋给 ChartData 属性
```
上述代码产生的单系列图表如图 11-11(a)所示。

② 绘制多系列图表

要创建多系列图表，必须使用二维数组，系列的个数由数组的第二维决定。例如，下面的程序将生成具有 3 个系列的图表，每个系列有 5 个数据点，如图 11-11(b)所示。

```
Dim arrScores(1 To 5, 1 To 3)
For i = 1 To 5
  For j = 1 To 3
      arrScores(i, j) = Int(Rnd * 101)
  Next j
Next i
MSChart1.ChartData = arrScores
```

③ 绘制带标签的图表

给图表添加标签时，可将上述程序中二维数组的第一列赋值为字符串。这样，在把该数组赋值给 ChartData 属性时，字符串会自动成为图表的标签。此时，要求二维数组的数据类型为变体型。下面的代码会生成如图 11-11(c)所示的图表，由于第一列被用作标签，所以图表中只有两个数据系列。

```
Dim arrScores(1 To 5, 1 To 3) As Variant
For i = 1 To 5
    arrScores(i, 1) = "科目" & i
    arrScores(i, 2) = Int(Rnd * 101)
    arrScores(i, 3) = Int(Rnd * 101)
Next i
MSChart1.ChartData = arrScores
```

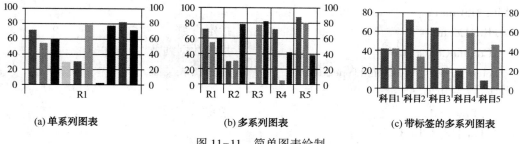

(a) 单系列图表   (b) 多系列图表   (c) 带标签的多系列图表

图 11-11 简单图表绘制

RowCount 和 ColumnCount：分别用于指定或返回数据的行数和列数，其中，列数即为图表的系列数，行数为每个系列所包含的数据点的个数。

Row、Column 和 Data：Row 和 Column 属性分别用于指定或返回当前的行号和列号(行号和列号从 1 开始)，Data 属性为当前行列上的数据点的值。如果希望设置或返回某个指定数据点的值，可以先将 MSChart 的 Row 和 Column 属性设置为该数据点所在的行号和列号，然后设置或返回其 Data 属性值即可。

221

例如，在多系列图表中，下面的代码将改变第 2 个系列的第 3 个数据点的值。

```
With MSChart1
    '将第 2 个系列的第 3 个数据点的值改为 95
    . Row = 3
    . Column = 2
    . Data = 95
End With
```

RowLabel 和 ColumnLabel：默认情况下，每行的行首和每列的列头都有一个文本标签，用于在图表中显示文本。如果希望使用自定义的行标签和列标签，就需要先通过 Row 和 Column 属性指向当前的行、列，然后利用 RowLabel 和 ColumnLabel 属性指定相应的行标签和列标签。

下面的程序可以生成如图 11–12 所示的带有行列标签的图表。

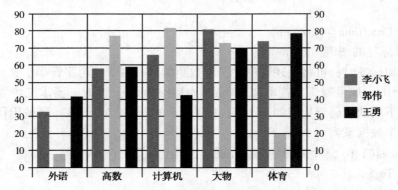

图 11–12　带有行列标签的多系列图表

```
Dim arrName As Variant
Dim arrSubject As Variant
arrName = Array("李小飞", "郭伟", "王勇")
arrSubject = Array("外语", "高数", "计算机", "大物", "体育")
With MSChart1
    . RowCount = 5                          '指定行数
    . ColumnCount = 3                       '指定数据列数
    . chartType = VtChChartType2dBar        '指定图表类型
    For i = 1 To 5
        . Row = i                           '指定当前行
        For j = 1 To 3
            . Column = j                    '指定当前列
            . Data = Int( Rnd * 101)        '指定当前行列的数据值
        '指定当前列的列标签,判定 i=5 保证各列的标签只被赋值一次
        If i = 5 Then . ColumnLabel = arrName(j - 1)
        Next j
        . RowLabel = arrSubject(i - 1)      '指定当前行的行标签
```

222

```
    Next i
      . ShowLegend = True                    ' 显示图例,否则无法显示列标签
  End With
```

通过上述几段程序可以看出，使用数组为 ChartData 属性赋值实质上就是同时为图表控件的 RowCount、ColumnCount、Data 和 ColumnLabel 属性赋值。

如果希望绘制其他类型的图表，只需修改上面程序中的图表类型即可。图 11-13 和图 11-14 分别为图表类型改为 VtChChartType2dLine(二维折线图)和 VtChChartType3dLine(三维折线图)时生成的图表。

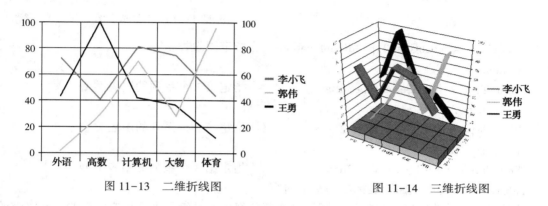

图 11-13　二维折线图　　　　　　　　　图 11-14　三维折线图

如果希望绘制的是一个饼图，则只需给出一行数据，行标签用作图表标题。下面的程序用于绘制如图 11-15 所示的二维饼图。

```
  Dim arrSubject As Variant
  arrSubject = Array("外语", "高数", "计算机", "大物", "体育")
  With MSChart1
    . chartType = VtChChartType2dPie          ' 指定图表类型
    . RowCount = 1
    . ColumnCount = 5
    For i = 1 To 5
      . Column = i                            ' 指定当前列
      . Data = Int(Rnd * 101)                 ' 指定当前列的数据值
      . ColumnLabel = arrSubject(i - 1)       ' 指定当前列的列标签
    Next i
    . RowLabel = "王勇的各科成绩"
    . ShowLegend = True                       ' 显示图例
  End With
```

如果想在一个图表中应用多种图表类型，可以使用二维或者三维的组合图，将 ChartType 属性设置为 VtChChartType2dCombination 或 VtChChartType3dCombination，然后用 SeriesType 属性为每个数据系列指定图表类型。使用下面的程序替换生成图 11-12 那段程序中第 1 个 For 循环前面的那条语句，就可以生成如图 11-16 所示的三维组合图。

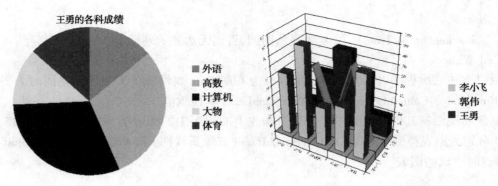

図 11-15　二维饼图　　　　　　　　　図 11-16　三维组合图

. chartType = VtChChartType3dCombination 　' 指定图表类型
. Column = 1
. SeriesType = VtChSeriesType3dBar 　　　　' 指定第 1 个系列的图表类型
. Column = 2
. SeriesType = VtChSeriesType3dLine 　　　' 指定第 2 个系列的图表类型
. Column = 3
. SeriesType = VtChSeriesType3dStep 　　　' 指定第 3 个系列的图表类型

TitleText：设置或返回图表标题的文本内容。

此外，图表的绘图区、坐标轴、图例等各部分都可通过编程进行相应的设置，感兴趣的读者可以查阅该控件的帮助文档。对于一些常用的属性，也可以单击其属性窗口中"自定义"项右侧的按钮，或右击该控件，在快捷菜单中选择"属性"选项在弹出的属性页中进行相应的设置。

"统计分析"窗体的具体操作步骤为：

（1）添加窗体，窗体名称修改为 frmSta。该窗体包括 2 个标签，1 个框架，1 个列表框，1 个 MsChart 控件和 2 个按钮，如图 11-10 所示。

使用 MsChart 控件需首先通过"工程 | 部件"将 Microsoft Chart Control 6.0（sp4）（OLEDB）添加进来。

（2）控件属性设置如表 11-11 所示。

表 11-11　"统计分析"窗体控件属性设置

控件名称	属性	属性值
frmSta	Caption	统计分析
label1	Caption	课程名
frame1	Caption	查询条件
Combo1	名称	cmbCname
Command1	名称	cmdSta
	Caption	统计
Command2	名称	cmdQuit
	Caption	退出

224

控件名称	属性	属性值
label2	名称	lblResult
	Caption	空

（3）代码设计。

```
Dim course(20) As String

Private Sub Form_Load( )
    Dim cnn As New ADODB. Connection
    Dim rst As New ADODB. Recordset
    Dim i As Integer
    cnn. ConnectionString = "Provider=Microsoft. Jet. OLEDB. 3. 51;" & _
    "Data Source=E:\LX\student. mdb;Persist Security Info=False"
    cnn. Open
    rst. Open "select * from 课程表", cnn
    i = 0
    While Not rst. EOF
        course(i) = rst. Fields("课程号"): cmbCname. AddItem rst. Fields("课程名")
        rst. MoveNext: i = i + 1
    Wend
    cmbCname. ListIndex = 0
    rst. Close: cnn. Close
    MSChart1. RowCount = 0
End Sub

Private Sub cmdSta_Click( )
    Dim str As String
    Dim max As Integer, min As Integer, ave As Integer
    Dim sum As Integer, xf As Integer, count As Integer
    Dim score(1, 4)
    Dim cnn As New ADODB. Connection
    Dim rst As New ADODB. Recordset
    score(0, 0) = "不及格": score(0, 1) = "及格": score(0, 2) = "中等"
    score(0, 3) = "良好": score(0, 4) = "优秀"
    cnn. ConnectionString = "Provider=Microsoft. Jet. OLEDB. 3. 51;" & _
    "Data Source=E:\LX\student. mdb;Persist Security Info=False"
    cnn. Open
    rst. Open "select * from 成绩表 where 课程号='" & course(cmbCname. ListIndex) & _
    "'", cnn
```

225

```vb
    If Not rst. EOF Then
        rst. Close
        rst. Open "select max(成绩) as 最高分,min(成绩) as 最低分,avg(成绩) as " & _
        "平均分 from 成绩表 where 课程号='" & course(cmbCname. ListIndex) & "'", cnn
        max = rst. Fields("最高分") : min = rst. Fields("最低分") : ave = rst. Fields("平均分")
        rst. Close
        rst. Open "select count(成绩) as 不及格人数 from 成绩表 where 成绩<60" & _
        " and 课程号='" & course(cmbCname. ListIndex) & "'", cnn
        score(1, 0) = rst. Fields("不及格人数") :        rst. Close
        rst. Open "select count(成绩) as 及格人数 from 成绩表 where 成绩 " & _
        "between 60 and 69 and 课程号='" & course(cmbCname. ListIndex) & "'", cnn
        score(1, 1) = rst. Fields("及格人数") :        rst. Close
        rst. Open "select count(成绩) as 中等人数 from 成绩表 where 成绩 " & _
        "between 70 and 79 and 课程号='" & course(cmbCname. ListIndex) & "'", cnn
        score(1, 2) = rst. Fields("中等人数") :        rst. Close
        rst. Open "select count(成绩) as 良好人数 from 成绩表 where 成绩 " & _
        "between 80 and 89 and 课程号='" & course(cmbCname. ListIndex) & "'", cnn
        score(1, 3) = rst. Fields("良好人数") :        rst. Close
        rst. Open "select count(成绩) as 优秀人数 from 成绩表 where " & _
        "成绩>=90 and 课程号='" & course(cmbCname. ListIndex) & "'", cnn
        score(1, 4) = rst. Fields("优秀人数") :        rst. Close
        MSChart1. chartType = VtChChartType2dPie
        MSChart1. ChartData = score
        MSChart1. RowLabel = "人数统计"
        MSChart1. ShowLegend = True
        lblResult. Caption = "不及格:" & score(1, 0) & " 及格:" & score(1, 1) & " 中等:" & _
        score(1, 2) & "良好:" & score(1, 3) & " 优秀:" & score(1, 4)
        lblResult. Caption = lblResult & vbCrLf & vbCrLf & "最高分:" & max & _
        "最低分:" & min & "   平均分:" & ave
    Else
        MsgBox "没有选修该课程的同学!"
    End If
End Sub


Private SubcmdQuit_Click()
    Unload Me
End Sub
```

【功能扩展】

编写各种应用程序时，首先要能满足基本的功能需求，有友好的用户界面。其次，可靠性、健壮性也是需要重点考虑的问题之一。如果忽略这个问题，则软件一旦交付使用，维护

226

费用可能会成倍地增长。所以一款优秀的软件，程序要能够检查用户输入数据的有效性，在用户输入数据有错误(如类型错误)或无效时，能够进行异常处理，而不会中断程序的执行，从而使程序具有一定的健壮性。

在学生成绩管理系统中，我们采用了如下方式来提高程序的健壮性。

（1）通过设置 DataGrid 控件的 AllowAddNew、AllowDelete、AllowUpdate 属性为 False，使用户只能使用 DataGrid 控件浏览数据，而数据的编辑则通过其他相应的窗体实现，避免了非法数据进入数据库。

（2）增加记录时，系统首先会检查记录信息的完整性，对于不完整的记录不予添加。其次，为了避免在学生表中出现重复的学号、课程表中出现重复的课程号、成绩表中出现重复的选课记录，在记录写入数据库之前要进行筛选，"重复的记录"不予添加，从而保证了数据库中数据的质量。

（3）对于一些固定的信息，比如性别、专业、学分，成绩表中的学号以及课程号，采用列表式组合框或列表框，使用户只能从有效的数据中进行选择，而不能随意修改。

此外，最好在可能出现错误的过程中增加错误处理程序，以告诉应用程序发生错误时转移到何处，执行何种操作。

最后，还要注意程序界面的友好性，即给用户一定的操作提示信息。

小结

本章通过学生成绩管理系统介绍了利用 VB 开发综合性数据库应用程序的基本方法。通过本章的学习，巩固复习了多窗体应用程序的创建、ADO 控件、ADO 对象和各种数据绑定控件的用法，以及利用 SQL 语句进行数据查询的方法，同时学习了统计图表的绘制方法。

习题

11-1　建立一个等级考试管理系统，系统使用的是 Access 数据库"等级考试.mdb"，该数据库中包括"考生信息"表和"考试成绩"表，其结构如表 11-12 和表 11-13 所示。

<table>
<tr><td colspan="3">表 11-12　"考生信息"表</td></tr>
<tr><td>字段名</td><td>字段类型</td><td>字段长度</td></tr>
<tr><td>考号</td><td>Text</td><td>9</td></tr>
<tr><td>姓名</td><td>Text</td><td>8</td></tr>
<tr><td>学校</td><td>Text</td><td>12</td></tr>
<tr><td>专业</td><td>Text</td><td>10</td></tr>
</table>

<table>
<tr><td colspan="3">表 11-13　"考试成绩"表</td></tr>
<tr><td>字段名</td><td>字段类型</td><td>字段长度</td></tr>
<tr><td>考号</td><td>Text</td><td>9</td></tr>
<tr><td>笔试成绩</td><td>Integer</td><td>2</td></tr>
<tr><td>机试成绩</td><td>Integer</td><td>2</td></tr>
</table>

要求该系统能实现考生信息和考试成绩信息的录入、修改和查询，并能实现考试成绩的统计分析功能。

参 考 文 献

[1] 龚沛曾, 陆慰民, 杨志强. Visual Basic 程序设计简明教程[M]. 3 版. 北京: 高等教育出版社, 2007.

[2] 王栋. Visual Basic 程序开发实例教程[M]. 北京: 清华大学出版社, 2006.

[3] 蒋加伏, 张林峰. Visual Basic 程序设计教程[M]. 4 版. 北京: 北京邮电大学出版社, 2009.

[4] 李春葆, 刘圣才, 张植民. Visual Basic 程序设计[M]. 北京: 清华大学出版社, 2005.

[5] 吴文国. Visual Basic 基础案例教程[M]. 北京: 中国石油大学出版社, 2008.

[6] 周志德, 刘德强, 许敏. 可视化程序设计——Vsiual Basic[M]. 北京: 电子工业出版社, 2006.

[7] 王成强, 马轲. 新概念 Visual Basic 6.0 教程[M]. 北京: 科学出版社, 2003.

[8] 黄冬梅, 王爱继, 陈庆海. Visual Basic 6.0 程序设计案例教程[M]. 北京: 清华大学出版社, 2008.

[9] 王萍, 聂伟强. Visual Basic 程序设计基础教程[M]. 北京: 清华大学出版社, 2006.

[10] 刘彬彬, 高春艳, 孙秀梅. Visual Basic 从入门到精通[M]. 北京: 清华大学出版社, 2008.

[11] 阚向红, 齐惠颖. Visual Basic 程序设计教程[M]. 北京: 清华大学出版社, 2006.

[12] 王瑾德, 张昌林. Visual Basic 程序设计应用教程[M]. 北京: 清华大学出版社, 2007.

[13] 林永兴. Visual Basic 案例实践与练习[M]. 北京: 中国水利水电出版社, 2010.

[14] 王萍. Visual Basic 程序设计项目化案例教程[M]. 西安: 西安电子科技大学出版社, 2009.

[15] 田启明等. Visual Basic 程序设计案例驱动型教程[M]. 北京: 国防工业出版社, 2008.

[16] 林卓然. VB 语言程序设计[M]. 2 版. 北京: 电子工业出版社, 2009.

[17] 王晓东. 算法设计与分析[M]. 北京: 清华大学出版社, 2003.

[18] 刘炳文等. Visual Basic 程序设计教程[M]. 北京: 清华大学出版社, 2000.

[19] 刘卫国. Visual Basic 程序设计教程[M]. 北京: 北京邮电大学出版社, 2007.